普通高等教育土建学科专业"十一五"规划教材
全国高职高专教育土建类专业教学指导委员会规划推荐教材

建筑材料与构造

（建筑设计技术专业适用）

本教材编审委员会组织编写

丁春静 主编
马松雯
季翔 主审

中国建筑工业出版社

图书在版编目（CIP）数据

建筑材料与构造/本教材编审委员会组织编写. —北京：中国建筑工业出版社，2007（2021.8 重印）
普通高等教育土建学科专业"十一五"规划教材. 全国高职高专教育土建类专业教学指导委员会规划推荐教材. 建筑设计技术专业适用
ISBN 978-7-112-09175-1

Ⅰ. 建… Ⅱ. 本… Ⅲ. ①建筑材料－高等学校：技术学校－教材 ②建筑构造－高等学校：技术学校－教材 Ⅳ. TU5 TU22

中国版本图书馆 CIP 数据核字（2007）第 042802 号

普通高等教育土建学科专业"十一五"规划教材
全国高职高专教育土建类专业教学指导委员会规划推荐教材

建筑材料与构造

（建筑设计技术专业适用）

本教材编审委员会组织编写

丁春静 主编

马松雯
季 翔 主审

*

中国建筑工业出版社出版、发行（北京西郊百万庄）
各地新华书店、建筑书店经销
北京嘉泰利德公司制版
北京圣夫亚美印刷有限公司印刷

*

开本：787×1092 毫米 1/16 印张：14 字数：339 千字
2007 年 12 月第一版 2021 年 8 月第七次印刷
定价：**25.00** 元
ISBN 978-7-112-09175-1
（15839）

版权所有 翻印必究
如有印装质量问题，可寄本社退换
（邮政编码 100037）

本书系高等职业技术教育建筑设计技术专业系列教材之一，本书根据建筑设计技术专业的培养目标、教学计划和该课程的教学基本要求编写的。

本书包括建筑材料和房屋构造两部分内容。该书以房屋构造为主线，将建筑材料部分的内容融入到房屋构造中。主要介绍建筑材料的种类、技术性能及在房屋构造中的应用，房屋构造部分重点介绍房屋的组成部分，并分章节介绍各组成部分的构造原理和构造做法。全书内容简明易懂，图文并重，便于读者学习和应用。

本书可作为高等职业技术教育建筑类相关专业的教材，也可作为工程技术人员及相关人员学习必备的参考书。

* * *

责任编辑：朱首明　杨　虹
责任设计：赵明霞
责任校对：王雪竹　梁珊珊

序

全国高职高专教育土建类专业教学指导委员会建筑类专业指导分委员会是建设部受教育部委托，由建设部聘任和管理的专家机构。其主要工作任务是，研究如何适应建设事业发展的需要设置高等职业教育专业，明确建设类高等职业教育人才的培养标准和规格，构建理论与实践紧密结合的教学内容体系，构筑"校企合作、产学结合"的人才培养模式，为我国建设事业的健康发展提供智力支持。

在建设部人事教育司和全国高职高专教育土建类专业教学指导委员会的领导下，自成立以来，全国高职高专教育土建类专业教学指导委员会建筑类专业指导分委员会的工作取得了多项成果，编制了建筑类高职高专教育指导性专业目录；在重点专业的专业定位、人才培养方案、教学内容体系、主干课程内容等方面取得了共识；制定了"建筑装饰技术"等专业的教育标准、人才培养方案、主干课程教学大纲；制定了教材编审原则；启动了建设类高等职业教育建筑类专业人才培养模式的研究工作。

全国高职高专教育土建类专业教学指导委员会建筑类专业指导分委员会指导的专业有建筑设计技术、室内设计技术、建筑装饰工程技术、园林工程技术、中国古建筑工程技术、环境艺术设计等6个专业。为了满足上述专业的教学需要，我们在调查研究的基础上制定了这些专业的教育标准和培养方案，根据培养方案认真组织了教学与实践经验较丰富的教授和专家编制了主干课程的教学大纲，然后根据教学大纲编审了本套教材。

本套教材是在高等职业教育有关改革精神指导下，以社会需求为导向，以培养实用为主、技能为本的应用型人才为出发点，根据目前各专业毕业生的岗位走向、生源状况等实际情况，由理论知识扎实、实践能力强的双师型教师和专家编写的。因此，本套教材体现了高等职业教育适应性、实用性强的特点，具有内容新、通俗易懂、紧密结合实际、符合高职学生学习规律的特色。我们希望通过这套教材的使用，进一步提高教学质量，更好地为社会培养具有解决工作中实际问题的有用人才打下基础。也为今后推出更多更好的具有高职教育特色的教材探索一条新的路子，使我国的高职教育办的更加规范和有效。

全国高职高专教育土建类专业教学指导委员会建筑类专业指导分委员会
2007年6月

前　言

　　本书是根据高等职业技术教育的特点，结合建筑设计技术专业高等职业技术应用性人才的要求编写的。全书是对建筑材料和房屋构造两门课程的整合，整体以房屋构造的组成为基本构架，将建筑材料的相关内容融入到房屋构造的各组成部分中。两部分内容互相照应，紧密联系，以突出材料的技术性能和在房屋构造中的应用，使全书形成一个完整的体系。

　　为了适应高职高专建筑设计技术专业人才培养目标的要求，此书编写时着重体现以下特点：

　　1. 以提高本专业学生的实际工作能力为原则，选择和组织全书的编写内容。

　　2. 全书重点突出实用性，基本理论则以够用为度，知识交待力求简单明了，直截了当，实现图文简洁，一目了然的宗旨。

　　3. 本书采用最新的国家标准和规范，以介绍现行的材料和构造为主。

　　全书共九章，参加本书编著的人员：沈阳建筑大学职业技术学院丁春静编写第3、4章；朱莉宏编写第2章、第5章中第5.3节；陈天柱编写第1、6章；付丽文编写第5章中第5.1、5.2、5.4、5.5节；王丽红编写第8、9章。

　　由丁春静任主编，朱莉宏、陈天柱任副主编。黑龙江省建筑职业技术学院马松雯副教授、徐州建筑职业技术学院季翔教授任主审。

　　由于我们水平有限，书中难免会出现错误或不妥之处，恭请读者批评指正。我们深表谢意！

目 录

第1章 概述 ··· 1
- 1.1 建筑材料的基本知识 ··· 2
- 1.2 建筑分类与等级划分 ··· 9
- 1.3 建筑构造的影响因素和设计原则 ··· 17
- 1.4 变形缝 ··· 19
- 1.5 建筑模数 ··· 21
- 复习思考题 ··· 24

第2章 墙体 ··· 25
- 2.1 墙体的类型和作用 ··· 26
- 2.2 墙体材料 ··· 30
- 2.3 墙体细部构造 ··· 36
- 2.4 隔墙 ··· 42
- 2.5 墙面装修 ··· 44
- 复习思考题 ··· 51

第3章 楼板层与地坪 ··· 52
- 3.1 概述 ··· 54
- 3.2 钢与混凝土材料基本知识 ··· 56
- 3.3 现浇钢筋混凝土楼板 ··· 71
- 3.4 预制装配式钢筋混凝土楼板 ··· 73
- 3.5 顶棚构造 ··· 76
- 3.6 楼层地面和地坪的构造 ··· 77
- 3.7 阳台与雨篷 ··· 81
- 复习思考题 ··· 84

第4章 楼梯与电梯 ··· 85
- 4.1 楼梯的组成与类型 ··· 86
- 4.2 楼梯的尺度与设计 ··· 90
- 4.3 现浇钢筋混凝土楼梯 ··· 93
- 4.4 预制装配式钢筋混凝土楼梯 ··· 94
- 4.5 楼梯的细部构造 ··· 98
- 4.6 室外台阶与坡道 ··· 100
- 4.7 电梯与自动扶梯 ··· 102
- 复习思考题 ··· 105

第5章 屋顶 ... 106
5.1 屋顶的形式及设计要求 ... 108
5.2 屋顶的排水 ... 109
5.3 屋面防水构造 ... 111
5.4 屋顶构造 ... 123
5.5 屋顶的细部构造 ... 130
复习思考题 ... 136

第6章 窗与门 ... 138
6.1 窗与门所用的材料 ... 140
6.2 门窗的作用与分类 ... 144
6.3 木门窗的构造 ... 147
6.4 铝合金门窗的构造 ... 150
6.5 塑钢窗的构造 ... 154
6.6 遮阳设施 ... 155
复习思考题 ... 158

第7章 基础与地下室 ... 159
7.1 基础 ... 160
7.2 地下室 ... 167
复习思考题 ... 171

第8章 建筑工业化简介 ... 172
8.1 建筑工业化概述 ... 174
8.2 砌块建筑 ... 174
8.3 大板建筑 ... 176
8.4 大模板建筑 ... 181
8.5 其他类型的工业化建筑 ... 183
复习思考题 ... 187

第9章 工业建筑构造简介 ... 188
9.1 工业建筑的类型 ... 190
9.2 单层厂房的定位轴线 ... 191
9.3 单层厂房的主要结构构件 ... 195
9.4 单层厂房的其他构造 ... 202
9.5 多层工业厂房的构造 ... 211
复习思考题 ... 215

参考文献 ... 216

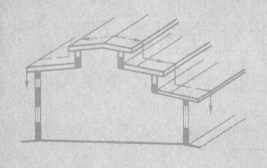

第1章 概述

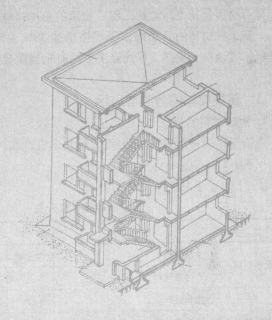

建筑材料与构造

1.1 建筑材料的基本知识

建筑材料是指土木建筑工程中使用的各种材料，是各项基本建设的物质基础，一般工程材料的费用约占工程造价的30%～50%。因此，合理使用材料对降低工程造价、提高工程的经济效益有相当重要的作用。

1.1.1 建筑材料的分类与应用

1. 建筑材料的分类

建筑材料的种类繁多，通常可分为无机材料、有机材料、复合材料三大类，见表1-1。

建筑材料分类　　　　表1-1

分　类	品　种	举　例
无机材料	金属材料	合金钢、碳钢、铁、铝及合金等
	非金属材料	水泥、砂、石、玻璃、硅酸盐制品等
有机材料	植物材料	木材、竹材等
	合成高分子材料	塑料、涂料、胶结剂、合成橡胶等
	沥青材料	石油沥青、煤沥青、沥青制品等
复合材料	金属材料与非金属材料复合	钢筋混凝土、钢丝网混凝土等
	无机材料与有机材料复合	聚合物混凝土、沥青混凝土等
	其他复合材料	水泥石棉制品、人造大理石等

复合材料是指用两种或两种以上不同性质的材料按适当比例复合制成的材料，如钢筋混凝土、纤维混凝土、聚合物混凝土、玻璃钢等，可以克服单一材料的弱点，发挥其综合特性。

2. 常用建筑材料的属性组成与应用

常用的建筑材料有水泥、石灰、砂、石、木材、涂料、水泥砂浆、混合砂浆、钢材、混凝土、钢筋混凝土、铝合金、防水材料等，其属性组成与应用见表1-2。

常用建筑材料的属性组成与应用　　　　表1-2

材料名称	属性及组成	应　用
水泥	水硬性胶凝材料	水泥砂浆、混合砂浆、混凝土的配制等
石灰	气硬性胶凝材料	混合砂浆的拌制等
砂	坚硬、清洁的天然材料	水泥砂浆、混合砂浆、混凝土的配制等

续表

材料名称	属性及组成		应用
石	天然石料	毛石、碎石	毛石用于建筑基础等；碎石用于混凝土的配制等
		料石	墙体、外墙面装饰、地面、台阶等
	人造石材		墙面装饰、地面面层等
木材	天然的有机材料		施工用的模板、脚手架、门窗、装饰等
涂料	人造有机材料		墙面装饰等
水泥砂浆	水泥、砂、水		墙体砌筑、地面、粘结各类石材等
混合砂浆	水泥、石灰、砂、水		墙体砌筑、内墙面抹灰等
钢材	钢管、型钢、钢筋		钢管用于脚手架、钢结构等；型钢用于钢结构、钢与混凝土组合结构等；钢筋用于钢筋混凝土结构构件（梁、板、柱、剪力墙）等
混凝土	水泥、碎石、砂、水		钢筋混凝土结构构件，如梁、板、柱、剪力墙、垫层、基础等
钢筋混凝土	钢筋、混凝土		钢筋混凝土结构构件，如梁、板、柱、剪力墙等
铝合金	金属中加入适量合金材料而成		建筑门、窗等
防水材料	石油沥青、改性沥青、合成高分子防水材料等		用于屋面、楼面防水等

材料的性质对建筑物的使用性能、坚固性和耐久性起着决定性作用，材料的发展可促进结构形式和施工工艺的发展。因此，只有了解和懂得建筑材料组成与性能，才能够最大限度地发挥材料的效能，做到合理使用材料。常用建筑材料在后面各章节中详细介绍。

1.1.2 建筑材料的基本性质

建筑材料是由材料的化学成分和矿物质组成的，当其与外界环境及各类物质接触时，必然会发生物理和化学变化，导致材料性质发生变化，甚至破坏。

1. 材料的物理性质

主要表现在密度、表观密度、堆积密度、密实度、孔隙率等。

（1）密度

密度即材料在绝对密实状态下（不含空隙）单位体积质量。

即
$$\rho = \frac{m}{V} \tag{1-1}$$

式中 ρ——材料的密度（g/cm³，kg/m³）；

m——材料质量（g，kg）；

V——材料的密实体积（cm³，m³）。

测定不规则的密实材料（如砂、石等）时，可采用排水法测定；测定有空隙材料（如砖、石材等）时，应将材料磨成细粉，除去空隙干燥后用李氏瓶法测定。

（2）表观密度

表观密度是指材料在自然状态下（含孔隙）单位体积的质量。

即
$$\rho_0 = \frac{m}{V_0} \quad (1-2)$$

式中 ρ_0——材料的表观密度（g/cm^3，kg/m^3）；

m——材料质量（g，kg）；

V_0——材料在自然状态下的体积（cm^3，m^3）。

材料的质量、体积随其含水率而变化，故测定材料表观密度时应注明含水情况，而未注明含水率时，是指烘干状态下的表观密度，即表观干密度。

（3）堆积密度

堆积密度是指粉状、颗粒状材料（水泥、砂、石等）在堆积状态下单位体积的质量。

即
$$\rho_0' = \frac{m}{V_0'} \quad (1-3)$$

式中 ρ_0'——堆积密度（kg/m^3）；

m——材料质量（kg）；

V_0'——材料的堆积体积（m^3）。

材料的堆积体积包含材料固体物质体积，材料内部的孔隙体积和散粒材料之间的空隙体积。

在建筑工程中，进行材料用量、配料、构件自重及材料堆放空间等计算经常要用到上述三种密度。常见材料的密度、表观密度、堆积密度见表1-3。

常见建筑材料的密度、表观密度、堆积密度　　表1-3

材　料	密度 ρ（g/cm^3）	表观密度 ρ_0（kg/m^3）	堆积密度 ρ_0'（kg/m^3）
石灰岩	2.60	1800～2600	—
花岗岩	2.80	2500～2800	—
碎石	2.60	—	1400～1700
砂	2.60	—	1450～1650
黏土	2.60	—	1600～1800
烧结黏土砖	2.50	1600～1800	—
烧结空心砖	2.50	1000～1400	—
水泥	3.10	—	1200～1300
普通混凝土	—	2100～2600	—
轻骨料混凝土	—	800～1900	—
木材	1.55	400～800	—
钢材	7.85	7850	—
泡沫塑料	—	20～50	—
玻璃	2.55	—	—

(4) 密实度

密实度是指材料体积内被固体物质充实的程度。

即 $$D = \frac{V}{V_0} \times 100\% = \frac{\rho}{\rho_0} \times 100\% \qquad (1-4)$$

式中符号同前。

(5) 孔隙率

孔隙率指材料体积内,孔隙体积所占的比例。

即 $$\rho = \frac{V_0 - V}{V_0} \times 100\% = \left(1 - \frac{\rho_0}{\rho}\right) \times 100\% \qquad (1-5)$$

材料的强度、吸水性、抗渗性、抗冻性、导热性、吸声性等都与材料的孔隙率有关。

(6) 空隙率

空隙率指构成材料的颗粒之间的空隙体积与堆积体积之比。

即 $$\rho' = \frac{V_0' - V_0}{V_0'} \times 100\% = \left(1 - \frac{\rho_0'}{\rho_0}\right) \times 100\% \qquad (1-6)$$

空隙率的大小反映了散粒材料的颗粒相互填充的密实程度,可作为控制混凝土骨料级配与计算砂率的依据。

2. 材料与水有关的性质

(1) 亲水性与憎水性

固体材料在空气中与水接触时,根据其表面是否能被水湿润,可分为亲水性与憎水性两类。在水、空气、材料三相交点,沿水滴表面的切线与水和材料接触面所成的夹角为湿润角,当 $\theta \leq 90°$ 时,材料为亲水性材料,如木材、混凝土等,如图 1-1 (a) 所示;当 $\theta > 90°$ 时,材料为憎水性材料,如图 1-1 (b) 所示。

(2) 吸水性与吸湿性

1) 吸水性

吸水性指材料在水中吸收水分的性质,可用吸水率表示,吸水率分为质量吸水率和体积吸水率两种。

质量吸水率为材料吸水饱和时,水的质量占材料干燥质量的百分比。

即 $$\omega_{质} = \frac{m_{湿} - m_{干}}{m_{干}} \times 100\% \qquad (1-7)$$

式中 $\omega_{质}$——材料的质量吸水率(%);

$m_{湿}$——材料含水的质量(g,kg);

$m_{干}$——材料干燥时的质量(g,kg)。

轻质多孔的材料或轻质松状的纤维因其质量吸水率大于100%,常以体积吸水率表示其吸水性,材料吸水饱和时,吸入水的体积占干燥材料自然体积之比。

即 $$m_{体} = \frac{V_\omega}{V_0} = \frac{m_{湿} - m_{干}}{V_0} \times \frac{1}{\rho_\omega} \times 100\% \qquad (1-8)$$

式中 $m_{体}$——材料体积吸水率(%);

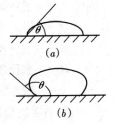

图 1-1 材料的湿润角
(a) $\theta \leq 90°$;(b) $\theta > 90°$

V_ω——材料吸水饱和时的体积（cm^3）；

V_0——干燥材料在自然状态下的体积（cm^3）；

ρ_ω——水的密度（kg/cm^3）。

2）吸湿性

吸湿性指材料在空气中吸收水分的性质，用含水率表示，即材料吸入水分质量占干燥时质量的百分率。

即
$$\omega_{含} = \frac{m_{湿} - m_{干}}{m_{干}} \times 100\% \tag{1-9}$$

式中 $\omega_{含}$——材料的含水率（%）；

$m_{含}$——材料含水时的质量（g）；

$m_{干}$——材料干燥时的质量（g）。

材料含水后，一般会产生不利影响，如质量增加、强度降低、抗冻性差，有时还会有明显的体积膨胀，致使材料变形，甚至会导致材料失效，如水泥、石灰等。绝热材料导热性能提高，绝热性能降低。

（3）耐水性

耐水性指材料长期在水的作用下不破坏，强度也不显著降低的性质。材料含水会使其内部组成分子间的结合力减弱，致使强度有所降低，尤其材料中含有某些易被水软化的物质会更加严重。材料耐水性通常用软化系数 K 表示。

$$K = \frac{f_\omega}{f} \tag{1-10}$$

式中 K——软化系数；

f_ω——材料在吸水饱和状态下的抗压强度（MPa）；

f——材料在干燥状态下的抗压强度（MPa）。

软化系数的大小，有时作为选择材料的重要依据。位于水中和经常处于潮湿环境的重要建筑物或重要部位，必须选用软化系数不低于 0.85~0.9 的材料；用于受潮较轻或次要建筑物，其材料的软化系数也不宜小于 0.70~0.85。软化系数大于 0.8 的材料通常认为是耐水的。

（4）抗渗性

抗渗性指材料抵抗压力水渗透作用的性质，用抗渗系数表示。

即
$$K = \frac{Q}{At} \times \frac{d}{H} \tag{1-11}$$

式中 K——渗透系数 [$m^3/(m^2 \cdot s)$]；

Q——渗透水量（m^3）；

d——试件厚度（m）；

H——水位差（m）；

t——透水时间（s）。

各种防水材料，对抗渗性能均有要求。

（5）抗冻性

抗冻性指材料在吸水饱和状态下，能经受多次冻融循环而不破坏，强度无显著降低，质量也不显著减小的性质。冰冻对材料的破坏作用是由于材料的孔隙内的水结冰时体积膨胀而引起。材料抗冻能力的高低取决于材料的吸水饱和程度和材料对孔隙内水结冰体积膨胀所产生压力的抵抗能力。材料的抗冻性能越好，对抵抗温度变化、干湿交替、风化作用的能力越强。它也是衡量建筑物耐久性的重要指标之一。

3. 材料的耐久性

建筑材料在使用时，会受到各种外力作用、自然因素破坏作用等外在因素和内在因素的影响。如物理作用（干湿变化、温度变化、冻融变化、磨损），化学变化（具有腐蚀性作用的水溶液及气体作用），生物作用（昆虫、菌类对材料所产生蛀蚀、腐朽等破坏作用），碳化作用（材料在空气中 CO_2 作用下发生碳化）等。

为提高材料耐久性，应根据材料的特点和使用来采取相应措施。如减轻大气或其他介质对材料的破坏作用（降温、排除介质等）；改变材料密实度来调整材料的孔隙构造；在材料表面设保护层，使之与外部环境隔离来提高耐久性能，如墙面抹灰、做其他饰面、刷涂料等。

4. 材料的热工性能

（1）导热性

材料传导热量的性质，通常用导热系数 λ 表示。

即
$$\lambda = \frac{Qd}{At(T_1 - T_2)} \tag{1-12}$$

式中　λ——材料导热系数 [W/(m·K)]；

　　　Q——传导的热量（J）；

　　　d——材料的厚度（m）；

　　　A——传导面积（m²）；

　　　t——传导时间（s）；

　　　$(T_1 - T_2)$——材料两侧温差（K）。

材料导热系数越小，其导热性质越差，保温隔热效果越好。通常 $\lambda \leq 0.23$ W/(m·K) 的材料可用作保温隔热材料，如泡沫塑料的导热系数 $\lambda = 0.035$ W/(m·K)，孔隙率大且封闭的材料导热系数小；材料干湿、冰冻影响，其本身导热系数也会有所改变，这是由于水和冰的导热系数分别为 0.58W/(m·K) 和 2.20W/(m·K)，比空气的导热系数高所决定的，因此材料越干燥，保温隔热效果越好。

（2）热容量

热容量即材料受热时吸收热量，冷却时放出热量的性质。

计算公式为：
$$Q = Cm(T_2 - T_1) \tag{1-13}$$

式中　Q——材料吸收（或放出）的热量（J）；

　　　C——材料的比热容 [J/(g·K)]；

　　　m——材料的质量（kg）；

$(T_2 - T_1)$——材料受热（或冷却）前后的温差（K）。

材料的热容量，对保持建筑物内部温度稳定有很大意义，能在热流变动或采暖设备供热不均匀时，缓和室内温度的波动。

1.1.3 材料的力学性能

1. 强度、比强度

（1）强度

材料在外力作用下，抵抗破坏的能力称为强度。材料的强度按受力方式不同可分为：抗压强度、抗拉强度、抗剪强度、抗弯（折）强度等，如图1-2所示。

材料的抗压、抗拉及抗剪强度可用下式计算：

$$f = \frac{F}{A} \tag{1-14}$$

式中　f——强度（MPa）；
　　　F——破坏荷载（N）；
　　　A——受力截面面积（mm²）。

材料的抗弯（折）强度可用下式计算：

$$f_m = \frac{3}{2}\frac{FL}{bh^2} \tag{1-15}$$

式中　f_m——抗弯强度（MPa）；
　　　F——受弯破坏荷载（N）；
　　　L——两支点之间的距离（mm）；
　　　b, h——分别为截面的宽与高（mm）。

在工程应用中，建筑材料的强度主要取决于材料的成分、结构与构造。不同种类材料，强度不同，即使是同一种材料，若其受力情况不同，强度也会有较大差异。一般来说材料孔隙率越大，其强度越低；结晶结构材料强度高于同类粗结晶结构材料；同一种材料其受力情况和试验条件不同，材料强度也会有所不同，如试件尺寸、形状、加荷速度、试验温度、试件含水率等的变化，因此对材料检测必须严格遵照有关标准方法进行。

（2）比强度

衡量轻质高强材料的一个重要指标。其值等于材料的强度与其表观密度的比值，比强度越大，则表明材料轻质高强，见表1-4。

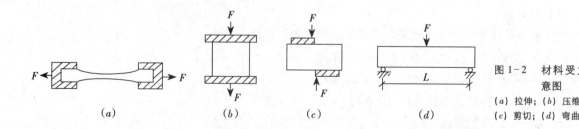

图1-2　材料受力示意图
(a) 拉伸；(b) 压缩；(c) 剪切；(d) 弯曲

常见材料的比强度　　　　　　　　表 1-4

材料名称	表观密度（kg/m³）	强度（MPa）	比强度
松木	500	34.2	0.068
烧结黏土砖	1700	10	0.006
混凝土	2400	40	0.017
低碳钢	7850	235	0.030

2. 材料的变形性能

（1）弹性与塑性

材料在外力作用下产生变形，当取消外力后变形可以完全恢复的性质称为弹性，这种变形称为弹性变形；材料在外力作用下产生变形，当取消外力后，仍保持变形后的形状和尺寸，并不产生裂缝的性质称为塑性。这种不可恢复的变形称为塑性变形。

材料的弹性与塑性，取决于材料的组成与结构。同一种材料在不同受力阶段所表现的变形性质也会有所不同，大多材料在受力时超过弹性，其弹性变形和塑性变形同时存在，即一部分为弹性变形（可恢复），另一部分为塑性变形（不可恢复）。

（2）脆性与韧性

材料在外力作用下而达到一定程度时，在无明显变形情况下而突然发生破坏的性质称为脆性。脆性材料的抗压强度远比其抗拉、抗弯（折）强度大，而抗冲击或抗振动能力差，如石、混凝土、玻璃等，故常用于受压构件。

材料在冲击或振动作用下，能吸收较大能量同时也能产生一定变形而不破坏的性质称为韧性。建筑钢材、木材等就属于韧性较高的材料。在建筑工程中，如吊车梁等构件在反复吊车荷载作用下受到冲击、振动作用，因此要求使用韧性较高的材料。

1.2 建筑分类与等级划分

1.2.1 建筑的分类

建筑通常是建筑物与构筑物的总称。建筑物是提供人们生活、学习、工作、居住以及从事生产和文化活动的房屋，如住宅、办公楼、厂房、教学楼、影剧院等。构筑物是指间接为人们服务的建筑设施，如堤坝、蓄水池、栈桥及各种管道支架等。建筑物可以按不同的方法进行分类。

1. 按建筑的使用功能分类

（1）工业建筑

工业建筑即供人们从事各类工业生产的建筑，如生产车间、辅助车间、动力用房、仓储建筑等。

（2）民用建筑

民用建筑即供人们居住、生活、工作和从事文化、娱乐、商业、医疗、科研、交通等公共活动的建筑，包括居住建筑和公共建筑两部分。

①居住建筑　主要指供人们生活起居的建筑，如住宅、宿舍、公寓等。

②公共建筑　主要指供人们进行各种社会活动的建筑，如行政办公楼、文教建筑、科研建筑、医疗建筑、商业建筑、体育建筑、展览建筑、交通建筑、电信建筑、娱乐建筑、园林建筑、纪念性建筑等。

（3）农业建筑

农业建筑主要指供人们从事农业、牧业生产和加工用的建筑，如温室、畜禽饲养场、农产品加工厂、粮库、农机修理用房等。

2. 按建筑的规模和数量分类

（1）大量性建筑

大量性建筑主要指单体建筑规模不大，但建造数量多、分布面广的建筑，如住宅、教学楼、幼儿园、医院、商场、办公楼、影剧院、中小型厂房等。

（2）大型性建筑

大型性建筑主要指单体建筑规模大，但建造数量少、功能复杂、耗资多的重要性建筑，如大型火车站、航空港、体育馆、大型会馆、大型厂房等。

3. 按建筑层数和高度分类

（1）居住建筑

1~3层为低层建筑；4~6层为多层建筑；7~9层为中高层建筑；10层以上为高层建筑。

（2）公共建筑及综合性建筑

建筑高度是指从建筑物室外地面标高至女儿墙或檐口处标高的距离。总高度大于24m时为高层（不包括高度超过24m的单层主体建筑），高度超过100m的住宅或建筑均为超高层建筑。

（3）工业建筑

层数为一层的工业建筑为单层厂房；两层及以上的工业建筑为多层厂房；层数较多且高度超过24m的工业建筑为高层厂房；有时根据工业生产的需要同一厂房内既有单层又有多层的厂房为混合层次厂房，适用于化工业、电力业等的主厂房。

4. 按建筑结构用材料分类

（1）砖木结构

砖木结构指用砖墙（或砖柱）、木制楼板（或木屋架）作为主要承重结构的建筑。这种结构具有自重轻，抗震性能较好，构造简单等优点，但耐久性能和防火性能差，目前已很少使用。

（2）砖混结构（混合结构）

砖混结构（混合结构）指用砖墙（或砖柱）作为竖向承重构件，用钢筋混凝土梁、板作为水平承重构件而形成的建筑结构，具有经济、适用、耐久，是我国前段时期建造数量最大、最为普遍采用适合当时国情的结构类型，目前仍有采用。

（3）钢筋混凝土结构

钢筋混凝土结构的主要承重构件均采用钢筋混凝土材料的建筑结构，如框架结构、框架—剪力墙结构、剪力墙结构、筒体结构等，具有整体性能好、刚度大、抗震性好、耐久、防火性能好等优点，是目前最为普遍采用的结构类型。

（4）钢结构

钢结构是指用钢板、型钢、薄壁型钢等通过焊接、螺栓连接、铆钉连接等形成的建筑结构，具有自重轻、材料力学性能好、便于施工、适用范围广等优点，主要用于大跨度建筑和超高层建筑，随着我国经济的快速发展，该类结构一定会越来越广泛的被应用。

5. 按建筑的施工方法分类

（1）全现浇（现砌）式

全现浇（现砌）式房屋的主要承重构件均在现场用手工或机械浇筑（砌筑）而成。这类建筑整体性能好。

（2）部分现浇（现砌）、部分装配式

部分现浇（现砌）、部分装配式房屋的部分构件采用现场浇筑（现场砌筑），部分构件采用预制且在现场进行装配而成。

（3）全装配式

全装配式房屋的主要承重构件均为预制构件，在现场进行安装而成，这类建筑具有施工速度快、机械化程度高但整体性能差的特点。

6. 按建筑结构的承重方式分类

（1）墙承重式

墙承重式房屋指用墙体承受楼板及屋顶传来荷载的建筑，如砖木结构、混合结构，常用于7层及7层以下的民用建筑，如图1-3所示。

（2）框架承重式

框架承重式指用柱、梁组成的承重骨架，承受楼板、屋顶传来全部荷载的建筑。一般用钢筋混凝土或钢结构组成框架，墙体只起围护和分隔作用。常用于跨度较大、层数较多的建筑，如图1-4所示。

（3）局部框架式

①内框架承重式　指用外砌砖墙和内部设钢筋混凝土柱、梁共同承重的建筑。常用于砖混结构不能满足的需要较大建筑内部空间的建筑，如图1-5所示。

②底部框架承重式　指房屋下部为框架结构，上部为墙承重结构的建筑。常用于底部需要较大空间而上部为较小空间具有综合功能的建筑，如底层为商店的多层住宅。

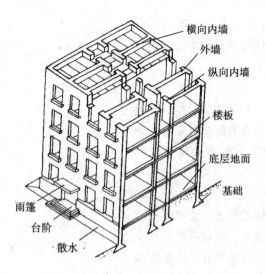
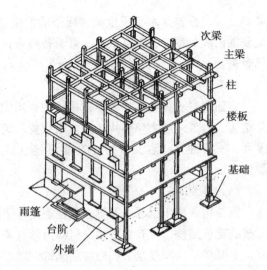

③空间结构 指用空间网架、悬索及各种类型的壳体承重的建筑结构，如体育馆、展览馆、机场等，如图1-6所示。

图1-3 墙承重式（左）
图1-4 框架承重式（右）

1.2.2 建筑的等级划分

1. 按耐久年限划分

建筑物的耐久年限主要是根据建筑物的重要性程度和规模大小来划分，可作为基本建设投资、建筑设计和材料选择的重要依据。建筑物按耐久年限划分为四级，见表1-5。

按主体结构确定的建筑耐久年限分级　　　　表1-5

级别	耐久年限	适用于建筑性质
一级	100年以上	适用于重要的建筑和高层建筑
二级	50～100年	适用于一般性建筑
三级	25～50年	适用于次要的建筑
四级	15年以下	适用于临时性建筑

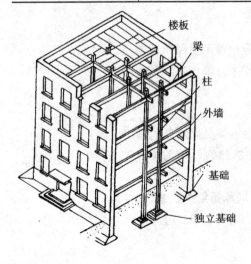
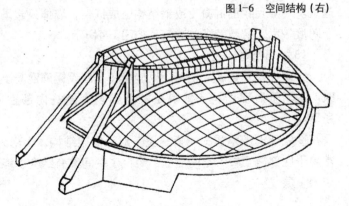

图1-5 内框架承重式（左）

图1-6 空间结构（右）

2. 按耐火等级划分

建筑物的耐火等级是根据建筑物主要构件燃烧性能和耐火极限两方面来确定的，共分四级，各级建筑物所用构件燃烧性能和耐火极限见表1-6。

（1）构件的燃烧性能

构件的燃烧性能指建筑构件在明火或高温作用下是否燃烧，以及燃烧的难易程度。建筑构件按燃烧性能分为非燃烧体、难燃烧体和燃烧体。

①非燃烧体　指用非燃烧材料制成的构件。如砖、石、钢筋混凝土、金属等，这类材料在空气中受到火灾或高温作用时不起火、不微燃、不碳化。

②难燃烧体　指用难燃烧材料制成的构件。如沥青混凝土、水泥刨花板、经过防火处理的木材等，这类材料在空气中受到火灾或高温作用时难燃烧、难碳化，离开火源后，燃烧或微燃立即停止。

③燃烧体　指用燃烧材料制成的构件。如木材、胶合板等，这类材料在空气中受到火灾或高温作用时，立即起火或燃烧，并且离开火源仍然继续燃烧或微燃。

（2）耐火极限

耐火极限是指对任一建筑构件按时间—温度标准曲线进行耐火实验，从构件受到火的作用时起，到构件失去支持能力或完整性被破坏，或失去隔火作用时为止的这段时间。用小时（h）作单位。

建筑构件的燃烧性能和耐火极限　　　表1-6

构件名称		耐火等级			
		一级	二级	三级	四级
墙体	防火墙	非燃烧体 4.00h	非燃烧体 4.00h	非燃烧体 4.00h	非燃烧体 4.00h
	承重墙、楼梯间、电梯井的墙	非燃烧体 3.00h	非燃烧体 2.50h	非燃烧体 2.50h	难燃烧体 0.50h
	非承重外墙、疏散走道两侧的隔墙	非燃烧体 1.00h	非燃烧体 1.00h	非燃烧体 0.50h	难燃烧体 0.25h
	房间隔墙	非燃烧体 0.75h	非燃烧体 0.50h	难燃烧体 0.50h	难燃烧体 0.25h
柱	支撑多层的柱	非燃烧体 3.00h	非燃烧体 2.50h	非燃烧体 2.50h	难燃烧体 0.50h
	支撑单层的柱	非燃烧体 2.50h	非燃烧体 2.00h	非燃烧体 2.00h	燃烧体
梁		非燃烧体 2.00h	非燃烧体 1.50h	非燃烧体 1.00h	难燃烧体 0.50h
楼板		非燃烧体 1.50h	非燃烧体 1.00h	非燃烧体 0.50h	难燃烧体 0.25h
屋顶承重构件		非燃烧体 1.50h	非燃烧体 0.50h	燃烧体	燃烧体
疏散楼梯		非燃烧体 1.50h	非燃烧体 1.00h	非燃烧体 1.00h	燃烧体
顶棚（包括顶棚搁栅）		非燃烧体 0.25h	难燃烧体 0.25h	难燃烧体 0.15h	燃烧体

3. 按建筑物复杂程度划分

根据建筑物的复杂程度共分五个工程等级，见表1-7。

建筑物的工程等级　　　　表 1-7

工程等级	工程主要特征	工程范围举例
特级	①列为国家重点项目或以国际性活动为主的特高级大型公共建筑 ②有全国性历史意义或技术要求复杂的中小型公共建筑 ③30层以上的建筑 ④高大空间有声、光等特殊要求的建筑	国宾馆、国家大会堂、国际会议中心、国际贸易中心、体育中心、国际大型航空港、国际综合俱乐部、重要历史纪念建筑、国家级图书馆、博物馆、美术馆、剧院、音乐厅、三级以上人防工程等
1级	①高级大型公共建筑 ②有地区性历史意义或技术要求复杂的中小型公共建筑 ③16层以上、29层以下或超过50m高的公共建筑	高级宾馆、旅游宾馆、高级招待所、别墅、省级展览馆、博物馆、图书馆、科学实验研究楼、高级会堂、高级俱乐部、≥300床位医院、疗养院、医疗技术楼、大型门诊楼、大中型体育馆、大城市火车站、航运站、候机楼、摄影棚、邮电通信楼、综合商业大楼、高级餐厅、4级人防、5级平战结合人防工程等
2级	①中高级、大中型公共建筑 ②技术要求较高的中小型建筑 ③16层以上、29层以下住宅	大专院校教学楼、档案楼、礼堂、电影院、省部级机关办公楼、300床位以下医院、疗养院、市地级图书馆、文化馆、少年宫、俱乐部、排演厅、报告厅、风雨操场、大中城市汽车客运站、中等城市火车站、邮电局、多层综合商场、风味餐厅、高级小型住宅等
3级	①中级、中型公共建筑 ②7层（含7层）、15层以下有电梯的住宅或框架结构的建筑	重点中学及中等专业学校教学楼及试验楼、社会旅馆、招待所、浴池、邮电所、门诊所、百货楼、托儿所、幼儿园、综合服务楼、1～2层商场、多层食堂、小型车站等
4级	①一般中小型公共建筑 ②7层以下无电梯的住宅、宿舍及砌体建筑	一般办公楼、中小学教学楼、单层食堂、单层汽车库、消防车库、消防站

1.2.3 建筑的构造组成

1. 民用建筑构造组成

建筑尽管在使用功能、空间组合、外型处理、构造方式及规模大小、结构类型等方面各有其特点，不尽相同，但构成建筑物的主要组成部分，一般都是由基础、墙或柱、楼地面、屋顶、楼梯、门窗六大组成部分所组成，如图 1-7 所示。

（1）基础

基础是建筑物的最下面埋在自然地面以下土层中的部分，承受由墙体（或柱）传来的全部荷载，并将其传给基础下面的土层——地基。因此，基础起着承上传下传递荷载的作用，应坚固、稳定、耐久、耐水、耐腐蚀、耐冰冻，不应早于上部分先破坏。

（2）墙或柱

对于墙承重结构的建筑，墙承受屋顶、楼板等传来的全部荷载，并把这些荷载连同自重传给其下部的基础；同时外墙也是建筑物的围护构件，抵御风、雨、雪、温差变化等对室内的影响，内墙是建筑物的分隔构件，可以把建筑物内部空间分隔成若干独立的小空间（各个房间），避免使用时相互干扰。对于柱承重的建筑物（框架、框架—剪力墙）结构，墙体填充在柱、梁形成平面空间内，仅起围护和分隔作用。因此，墙和柱应坚固、稳定、重量轻，满足保温（隔热）、隔声、防水等要求。

（3）楼地层

楼地层是指楼板（层）和地面两部分。楼层即楼板层，它是建筑物的水平承重构件，将其上所有荷载连同自重传给墙或柱，同时楼层把建筑空间在垂直方向划分为若干层，并对墙或柱起水平支撑作用。地层（首层地面），承受其上的各种使用荷载连同自重直接传给其下的地基，起保温（隔热）、防水等作用，因此，楼地层应坚固、稳定，地层还应具有防潮、防水等功能。

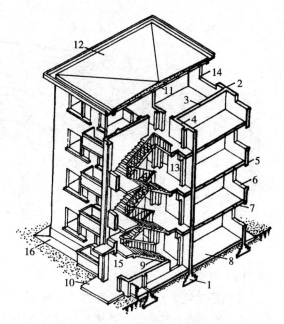

图1-7 民用建筑的构造组成

1—基础；2—外墙；3—内横墙；4—内横墙；5—过梁；6—窗台；7—楼板；8—地面；9—楼梯；10—台阶；11—屋面板；12—屋面；13—门；14—窗；15—雨篷；16—散水

（4）屋顶

屋顶是建筑物顶部的承重和围护结构，由屋面层和承重结构层两部分组成。屋面层承受作用在其上的风、雨、雪、维修（人、材料、设备）等荷载，并通过其下承重结构层传给墙或柱，同时屋顶形式对建筑物的整体形象起着至关重要的作用，因此，人称其为建筑的第五立面，屋顶应具有足够的强度、刚度，满足防水、排水、保温（隔热）等功能。

（5）楼梯

楼梯是建筑物各楼层之间上下的垂直交通设施，供人们垂直交通和紧急情况下疏散。因此，楼梯应坚固、安全，有足够的疏散能力。

（6）门窗

门主要用于人们通行和搬运家具、设备，紧急疏散，有时兼采光通风、围护等作用，门应有足够的高度和宽度；窗主要用于采光、通风，同时也是房屋围护的组成部分，因此，窗应有足够的面积，满足保温、隔热、隔声、防风沙等功能。

建筑物除上述六大基本组成部分以外，有时根据不同需要，还应设有其他的配件和设施，如阳台、雨篷、通风道、散水、勒脚、防潮层、电梯、自动扶梯、坡道等。

2. 工业建筑构造组成

工业建筑依其具体生产工艺要求，可建造成多层工业建筑或单层工业建筑等，其中多层工业建筑一般用于电子、轻纺等轻工业建筑，其构造与多层的民用构造组成相同；单层工业建筑（单层工业厂房）一般由基础、墙、柱、地面、屋盖系统、门窗、支撑系统等部分组成，如图1-8所示。

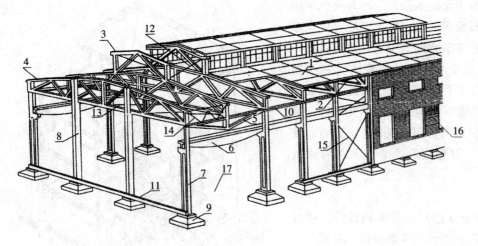

图 1-8 单层工业厂房的构造组成
1—屋面板；2—天沟板；3—天窗架；4—屋架；5—托架；6—吊车梁；7—排架柱；8—抗风柱；9—基础；10—连系梁；11—基础梁；12—天窗架垂直支撑；13—屋架下弦横向水平支撑；14—屋架端部垂直支撑；15—柱间支撑；16—外墙；17—地面

（1）基础

基础是建筑物的最下面埋在自然地面以下土层中的部分，承受基础梁（或柱）传来的全部荷载，并将其传给基础下面的土层——地基，应坚固、稳定、耐久、耐水、耐腐蚀、耐冰冻、不应早于上部分先破坏。

（2）基础梁

基础梁搁置在基础顶面用以承受其上部墙体重量，并将其传给基础。

（3）柱

柱是厂房的主要承重构件，承受由屋架、吊车梁、支撑、连系梁和外墙等传来的荷载，并把它传给基础。

（4）屋架（屋面梁）

屋架（屋面梁）是屋盖系统的主要承重构件，承受屋盖、天窗上的全部荷载，并将其传给柱。

（5）天窗架

天窗架是屋盖系统的承重构件之一，承受天窗上的所有荷载并将它传给其下部的屋架（屋面梁）。

（6）屋面板

屋面板是屋盖系统的承重构件之一，直接承受其上部的各类荷载（包括自重、屋面覆盖材料、积灰、积雪等），并将其传给屋架或天窗架。

（7）吊车梁

吊车梁承受梁和吊车的自重、吊车起吊物件的重量、吊车运行中的所有荷载（吊车横向、纵向的启动及制动产生的惯性力），并将其传给柱。

（8）抗风柱

抗风柱承受山墙传来的风荷载，并将它的一部分传给屋盖系统，另一部分传给其自身的基础。

（9）外墙

外墙是自承重构件，主要起保温、隔热、防风、防雨等作用。

（10）窗与门

窗与门用于采光、通风、围护、交通联系及疏散等。

（11）地面

地面要满足生产使用和运输等要求。

（12）支撑系统

支撑系统分为屋盖支撑和柱间支撑两部分，其中屋盖支撑用于加强屋盖系统刚度和传递荷载等；柱间支撑用于加强厂房纵向柱列的联系和传递荷载等。

1.3 建筑构造的影响因素和设计原则

1.3.1 影响建筑构造的因素

建筑物建成并投入使用后，要经受来自人为和自然各种因素的作用，为提高建筑物对外界各种影响的抵抗能力，延长建筑物的使用寿命，保证使用质量，在进行建筑构造设计时，必须充分考虑到各种因素的影响，以便根据影响的程度，采取相应的构造方案和措施。影响建筑构造的因素很多，大致可归纳以下几方面。

1. 外力作用的影响

作用在建筑物上的外力称之为荷载，如建筑自重、人体重、家具自重、设备自重及地震作用等。其中荷载大小不随时间变化而变化或变化值可以忽略的荷载为恒荷载，如建筑自重、永久性设备自重等；荷载大小随时间变化而变化的荷载为活荷载，如人体重量、家具自重、风荷载、雪荷载等；荷载作用在结构上持续时间很短，但一旦产生数值即很大的荷载为偶然荷载，如地震作用、爆炸力等。

荷载的大小和作用方式是建筑结构设计的主要依据，也是建筑结构选型的重要基础，它决定着构件的形状、尺寸和用料。而构件的材料、尺寸、形状又是建筑构造设计的主要依据。因此，在确定建筑构造方案时，应全面考虑外力作用的影响，选择合理的构造方法，确保建筑的安全和正常使用。

2. 自然因素的影响

我国地域辽阔，地区间自然条件变化差异大。如风、霜、雨、雪、冷热寒暖、太阳热辐射、水文地质条件等，均是影响建筑物使用质量和使用寿命的重要因素。因此，在建筑构造设计时，必须针对建筑物所受影响因素的性质与程度，对建筑物的相关部位采取相应的防范措施，如防潮、防水、保温、隔热、设变形缝等。同时，在构造设计时，应充分利用自然环境的有利影响，如利用自然通风降温、降湿；利用太阳辐射改善室内热环境等。

3. 人为因素的影响

人们在生产生活活动中，常发生一些人为的不利于建筑物正常使用的因素，如火灾、噪声、机械振动、爆炸等。因此，在建筑构造设计时，应认真分析，构造上采取防震、防腐、防火、隔声等防范措施。

4. 物质技术条件的影响

建筑材料、结构、设备和施工技术构成建筑的基本物质条件，由于建筑物的质量标准和等级的不同，在材料选择上均应有所区别。随着建筑业的迅猛发展，新材料、新结构、新设备、新的施工方法的不断出现以及建筑工业化的发展等，使得建筑构造要解决的问题会越来越多，越来越复杂。

5. 经济条件的影响

建筑的造价、使用过程中的维护费用等，在建筑构造设计时，必须引起重视。在满足房屋不同等级标准使用和工程质量要求的前提下，合理选择材料，降低能源消耗、劳动力资源消耗、施工设备费用等，一定会为建筑业乃至我国国民经济带来可观的经济效益。

1.3.2 建筑构造设计原则

1. 确保结构安全的需要

建筑物的主要承重构件如梁、板、柱、墙体、屋架、基础等，需要通过结构计算来保证结构安全。而建筑的配件尺寸，如扶手的高度、栏杆的间距等需要通过构造要求来保证安全。构配件之间的连接，如门窗与墙体的连接、栏杆与墙体、楼板、楼梯的连接，则需要采取必要的技术措施来保证安全。结构的安全关系到人的生命与财产安全。因此，在确定构造方案时，应把结构安全放在首位。

2. 满足建筑使用功能的要求

建筑物应给人们创造出舒适的使用环境。根据其用途、所处的地理环境的不同，对建筑构造要求就不同。如，展览馆要求具有较高的光线效果；影剧院则应有良好的音响效果；寒冷地区的建筑应解决好冬季的保温问题；炎热地区的建筑则应有良好的通风隔热能力。因此，在确定建筑构造方案时，一定要综合考虑各方面因素，来满足不同使用功能建筑要求，这也是建筑设计的根本。

3. 适应建筑工业化的要求

建筑工业化是加快施工速度，改善劳动条件，保证施工质量的必由之路。因此，在建筑构造设计时，应大力推广先进技术，选用各种新型建筑材料、新工艺。采用标准化设计和定型构配件，提高构配件间的通用性和互换性，为建筑物配件产品生产工厂化、施工机械化和管理科学化创造有利条件，以适应建筑化的要求。

4. 注重综合效益

降低成本，合理控制造价指标是建筑构造设计的重要原则之一。在建筑构造设计时，应严格执行建设法规，尽量就地取材、节约材料、降低消耗、节约投资，注重环境保护，提高社会、经济、环境等综合效益。

5. 满足美观要求

建筑的美观主要是通过其内部空间和外部造型的艺术处理来实现的。尤其某些细部构造处理，不仅影响建筑物细部的精致与美观，也直接影响建筑物的整体效果，如栏杆、台阶、勒脚、门窗、雨篷等的处理。因此，在建筑构造设计时，应充分运用构图原理和美学法则，创造出有较高品位的建筑，不仅满足人们使用功能的要求，同时也可以作为城镇组成要素的艺术品来供人们欣赏。

总之，在建筑构造设计时，必须全面贯彻国家有关建筑政策、法规，充分考虑建筑的使用功能、所处的自然环境、材料供应、施工技术、施工管理、经济等因素，综合分析比较，选择出最合理的构造设计方案。

1.4 变形缝

1.4.1 变形缝的概念

建筑物在使用过程中会受环境温度变化、地基不均匀沉降以及地震等因素的影响，均有可能使建筑物产生内部变形，并在应力集中处开裂，不仅影响使用功能，甚至造成严重破坏。为此，除加强建筑物的整体刚度外，还需要在某些变形敏感部位预先沿高度设置预留缝将建筑物断开，给变形留下适当的余地，以免应力集中，这种将建筑物垂直分开的缝隙称为变形缝。变形缝包括温度缝（伸缩缝）、沉降缝、防震缝三种。

1.4.2 变形缝的设置原则

1. 伸缩缝

伸缩缝的作用是为了防止由于温度变化引起的过长墙体开裂，而预先设置的缝。

（1）伸缩缝的宽度

为了伸缩缝两侧的建筑物能在水平方向自由伸缩，其宽度一般为30mm左右。

（2）伸缩缝的间距

当房屋长度超过最大伸缩缝间距时应在适当部位设置伸缩缝，要求把建筑物上部结构全部断开，基础因埋在地下受温度变化影响较小，一般不需断开。各类结构伸缩缝的最大间距见表1-8和表1-9。

砌体房屋伸缩缝的最大间距 表1-8

砌体房屋屋盖或楼盖类型		间距（m）
整体式或装配整体式钢混凝土结构	有保温层或隔热层的屋盖、楼盖	50
	无保温层或隔热层的屋盖	40
装配式无檩体系钢混凝土结构	有保温层或隔热层的屋盖、楼盖	60
	无保温层或隔热层的屋盖	50
装配式有檩体系钢混凝土结构	有保温层或隔热层的屋盖、楼盖	75
	无保温层或隔热层的屋盖	60
瓦材屋盖、木屋盖或楼盖、轻钢屋盖		100

钢筋混凝土结构伸缩缝最大间距（m） 表 1-9

项次	结构类型		室内或土中	露天
1	排架结构	装配式	100	70
2	框架结构	装配式	75	50
		现浇式	55	35
3	剪力墙结构	装配式	65	40
		现浇式	45	30
4	挡土墙及地下室墙壁结构	装配式	40	30
		现浇式	30	20

2. 沉降缝

沉降缝是防止由于地基不均匀沉降引起的墙体开裂及结构破坏，而预先设置的缝。

（1）沉降缝的宽度

沉降缝的宽度与地基情况和建筑物高度有关，见表 1-10。

（2）沉降缝的设置条件

①同一建筑物相邻部分的高度相差较大、荷载大小相差悬殊、结构形式变化较大，可能导致地基不均匀沉降。

②建筑物各部分相邻基础的形式、宽度及基础埋深相差较大。

③建筑物建造在不同的地基上，且难以保证均匀沉降。

④房屋体型比较复杂。

⑤新建、扩建的建筑物与原有建筑物相毗连时。

沉降缝的宽度 表 1-10

地基情况	房屋高度（m）	宽度（mm）
一般地基	<5	30
	5～10	50
	10～15	70
软弱地基	2～3层	50～80
	4～5层	80～120
	6层以上	>120
湿陷性黄土地基	—	≥30～70

3. 防震缝

防震缝是为防止由于地震引起的不利影响，而预先设置的缝。

（1）防震缝的宽度

应根据地震烈度、建筑结构类型和高度来确定，可采用 50～100mm。对于多层和高层钢筋混凝土结构房屋其最小宽度应符合下列要求：

①房屋高度不超过 15m 时，缝宽取 70mm；

②房屋高度超过 15m 时，按不同设防烈度增加缝宽：

设防烈度为 7 度，高度每增加 4m，缝宽增加 20mm；

设防烈度为 8 度，高度每增加 3m，缝宽增加 20mm；

设防烈度为 9 度，高度每增加 2m，缝宽增加 20mm。

（2）防震缝的设置条件

遇到下列情况之一时，应设防震缝：

①房屋立面高差在 6m 以上；

②房屋有错层，且楼板高差较大；

③各部分结构刚度、质量截然不同。

防震缝的设置应将建筑物上部结构断开，基础一般不断开。在地震设防区，三种变形缝可统一考虑，但必须同时满足它们的要求，即基础断开，缝宽取三者最大值。

1.5 建筑模数

建筑业是国民经济的支柱行业之一，是国民经济的先行。而目前建筑业与国民经济的快速发展要相适应，必须采用现代工业的生产方式来建造房屋即实现建筑工业化。其中，建筑设计标准化是实现建筑工业化的前提；构配件生产工厂化是实现建筑工业化的手段；施工机械化是建筑工业化的核心；管理科学化是建筑工业化的保证。为保证建筑设计标准化和构、配件生产工厂化，建筑物及其各组成部分的尺寸必须统一协调，为此，我国颁布了《建筑模数协调统一标准》GBJ 2—86 作为建筑设计的依据。

1.5.1 建筑模数

建筑模数是建筑设计中选定的标准尺寸单位，作为建筑物、建筑物构配件、建筑制品以及有关设备尺寸相互协调的基础，包括基本模数和导出模数。

1. 基本模数

基本模数是模数协调中选定的基本尺寸单位，其数值规定为 100mm，用符号 M 表示，即 $1M = 100mm$。基本模数主要用于建筑物的层高、门窗洞口及建筑构配件截面尺寸等处，建筑物或其组成部分以及建筑组合件的模数化尺寸，应是基本模数的倍数，即导出模数。

2. 导出模数

导出模数分为扩大模数和分模数，适用于建筑设计中建筑部位、构件尺寸、构造节点以及断面、缝隙尺寸的不同要求。

（1）扩大模数

扩大模数是基本模数的整数倍数，有 3、6、12、15、30、60M 等表示，相应尺寸为 300、600、1200、1500、3000、6000mm，主要用于建筑物的进深、开间、柱距、层高及门窗洞口尺寸等。

（2）分模数

分模数是基本模数的分数值，其基数有 1/10、1/5、1/2M 三种，相应尺寸为 10、20、50mm，主要用于缝隙、节点构造、构配件截面尺寸等。由基本模数、扩大模数、分模数组成模数数列，即模数制，见表1-11。

模数数列   表1-11

基本模数	扩大模数						分模数		
1M	3M	6M	12M	15M	30M	60M	1/10M	1/5M	1/2M
100	300	600	1200	1500	3000	6000	10	20	50
200	600	600					20	20	
300	900						30		
400	1200	1200	1200				40	40	
500	1500			1500			50		50
600	1800	1800					60	60	
700	2100						70		
800	2400	2400	2400				80	80	
900	2700						90		
1000	3000	3000		3000	3000		100	100	100
1100	3300						110		
1200	3600	3600	3600				120	120	
1300	3900						130		
1400	4200	4200					140	140	
1500	4500			4500			150		150
1600	4800	4800	4800				160	160	
1700	5100						170		
1800	5400	5400					180	180	
1900	5700						190		
2000	6000	6000	6000	6000	6000	6000	200	200	200
2100	6300							220	
2200	6600	6600						240	
2300	6900								250
2400	7200	7200	7200					260	
2500	7500			7500				280	
2600		7800						300	300
2700		8400	8400					320	
2800		9000		9000	9000			340	
2900		9600	9600						350
3000				10500				360	
3100			10800					380	
3200			12000	12000	12000	12000		400	400
3300				15000					450

续表

基本模数	扩大模数						分模数		
1M	3M	6M	12M	15M	30M	60M	1/10M	1/5M	1/2M
3400					18000	18000			500
3500					21000				550
3600					24000	24000			600
					27000				650
					30000	30000			700
					33000				750
					36000	36000			800
									850
									900
									950
									1000

1.5.2 几种尺寸

为保证建筑制品、构配件等有关尺寸间的统一与协调，《建筑模数协调统一标准》GBJ 2—86 规定了标志尺寸、构造尺寸、实际尺寸及其相互关系，如图 1-9 所示。

1. 标志尺寸

标志尺寸用以标注建筑物定位轴线间的距离（如开间或柱距、进深或跨度、层高等）以及建筑构配件、建筑组合件、建筑制品、有关设备位置界限之间的尺寸。标志尺寸应符合模数数列的规定。

2. 构造尺寸

构造尺寸是建筑制品、建筑构配件等的设备尺寸，一般情况下标志尺寸减去缝隙尺寸等于构造尺寸。缝隙尺寸应符合模数数列的规定。

3. 实际尺寸

实际尺寸是建筑制品、建筑构配件等生产制作后的实有尺寸。实际尺寸由于生产误差造成与设计的构造尺寸有差值，这个差值应符合施工验收相关规范的规定。

1.5.3 定位轴线

定位轴线是确定建筑物主要结构或构件的位置及其标志尺寸的基准线，也是施工定位放线的主要依据。定位轴线按其方向分为横向定位轴线（平行于建筑宽度方向设置的定位轴线）、纵向定位轴线（平行于建筑长边方向设置的定位轴线）。建筑物的开间、进深可用横向与

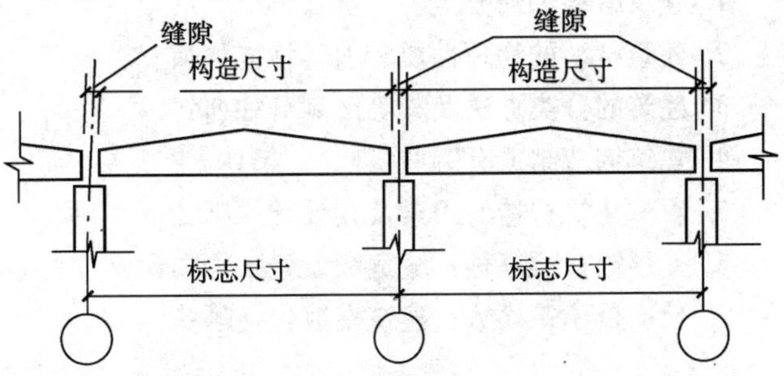

图 1-9 几种尺寸间的关系

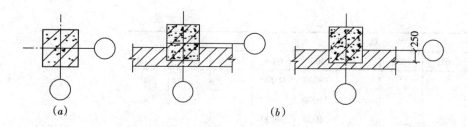

图1-10 框架结构柱的定位轴线

纵向定位轴线表示，两条横向定位轴线间的标志尺寸称为开间尺寸；两条纵向定位轴线间的标志尺寸称为进深尺寸。

框架结构中，中柱和边柱与平面定位轴线的关系为：顶层中柱的中线与纵横向平面定位轴线相重合，如图1-10（a）所示；边柱的设置有两种情况：边柱平面定位轴线一般与顶层边柱截面中心线相重合或距柱外边缘250mm处，如图1-10（b）所示。

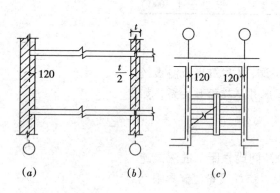

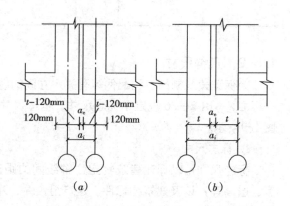

混合结构中，承重外墙的平面定位轴线一般距其顶层墙身内缘120mm处，如图1-11（a）所示；承重内墙的平面定位轴线一般与其顶层墙身中心线相重合，如图1-11（b）所示；楼梯间墙的平面定位轴线常距楼梯间一侧墙边缘120mm处，如图1-11（c）所示。变形缝两侧承重墙体的定位方法同承重外墙的定位方法，如图1-12所示，其中图1-12（a）是按承重外墙处理，图1-12（b）是按非承重外墙处理。

图1-11 混合结构墙体的定位轴线（左）
（a）承重外墙；（b）承重内墙；（c）楼梯间墙

图1-12 变形缝两侧墙体的定位轴线（右）
（a）承重外墙；（b）非承重外墙

复习思考题

1. 建筑材料如何分类？
2. 建筑材料的物理性质和力学性能如何？
3. 建筑的分类方法及其等级划分如何？
4. 建筑构造组成有哪些？
5. 影响建筑构造的因素及其设计原则如何？
6. 变形缝有哪三种？缝宽和设置条件如何？
7. 什么是建筑模数？建筑模数包括哪些？

建筑材料与构造

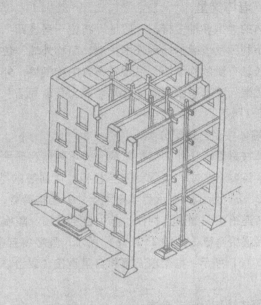

第2章 墙 体

2.1 墙体的类型和作用

2.1.1 墙体类型

墙体的类型多种多样。一般地，将位于房屋四周，围合建筑空间免受自然界各种不利因素侵袭的墙称外围护墙，简称外墙；位于房屋内部的称内墙。沿建筑物长轴布置的称纵墙，沿短轴布置的称横墙，外横墙通常又称为山墙；位于外墙上端、突出屋面的墙称女儿墙，又有窗间墙、转角墙等。墙体各部分名称如图2-1所示。

1. 墙体按受力情况分类

墙体按是否承受外来结构荷载分为承重墙和非承重墙。承重墙除承受自身荷载外，还要直接或间接承受来自楼板、屋面等的结构荷载，并传递给基础，如图2-2（a）所示。非承重墙不承受外来结构荷载，但要承受墙体自身重量，并将其传递给不同的建筑构件，分为自承重墙、隔墙、框架填充墙。自承重墙将自重传递给基础，如图2-2（b）所示；隔墙将自重传递给楼板、梁等构件，如图2-2（c）所示；框架填充墙将自重直接传递给框架结构梁，如图2-2（d）所示。

2. 墙体按构造形式分类

墙体按构造形式分为实体墙、空体墙、复合墙三种。实体墙是由单一密实材料组砌成无空腔的墙体，如石墙、混凝土墙、实心砌块墙、多孔砖墙等。空体墙也是由单一材料组砌而成，但内部有若干空腔，空腔分两种情况：一种是由空心材料自身形成，如空心砖墙、空心砌块墙、空心板材墙等；一种是由密实材料通过一定的方式组砌形成空腔，如空斗砖墙等，如图2-3所示。复合墙是由两种或两种以上材料组合而成，如混凝土墙与聚苯板组合、砖墙与聚苯板组合、加气混凝土板材与混凝土墙组合等。

3. 墙体按施工方式分类

墙体按施工方式可分为块材砌筑墙、整体板筑墙、板材装配墙三种。块材砌筑墙是用砂浆作胶结料将砌块等块材按一定方式组砌而成，例如各种砌块墙、砖墙、石墙等。整体板筑墙是在墙体部位安装模板及骨架，现场浇筑可塑性材料（如混凝土）而成，如框架—剪力墙中的混凝土剪力墙、大模板建筑中的混凝土墙等。板材装配墙是将预先在构件厂制成的内、外墙板在现场拼接、组装而成，如大板建筑的各种墙板、框架轻板建筑的轻质墙板等。

图2-1 墙体名称

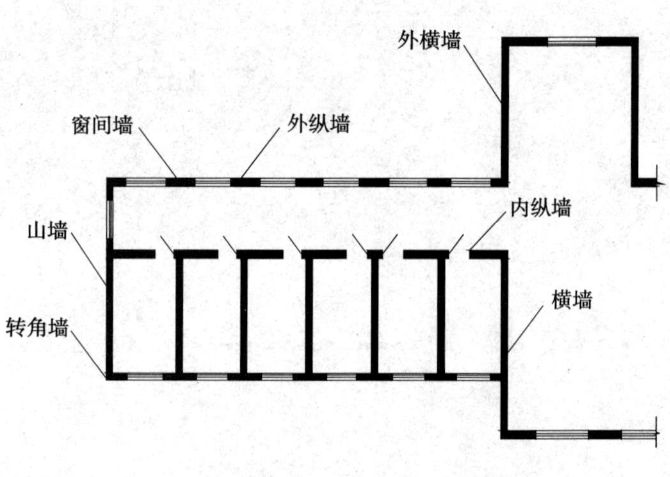

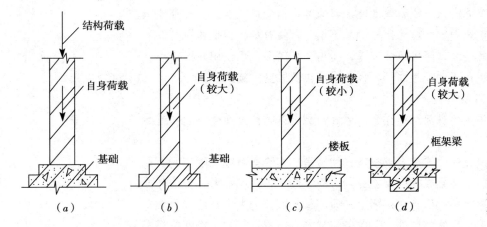

图 2-2 墙体类型
(a) 承重墙;(b) 自承重墙;(c) 隔墙;(d) 框架填充墙

2.1.2 墙体作用

在建筑物的空间组成中,墙体是划分横向空间网格不可缺少的重要元素,建筑物的使用功能在很大程度上取决于墙体的位置和性能。墙体的作用主要体现在以下三方面:

1. 承重作用

承重墙具有承重作用,如住宅、学校、办公楼等民用建筑,大多采用墙体承重的砖混结构类型。承重墙类型如图 2-4 所示。

墙体承重要求具有足够的承载力来承受上部墙体、楼板、屋顶传来的竖向荷载,同时要限制墙体高厚比(计算高度与墙厚的比值)来满足稳定性要求,并选择合理的承重结构布置方案。结构布置是指梁、板、墙、柱等结构构件支撑、传力的总体布局。墙体结构布置方案通常有以下几种:

(1) 横墙承重方案

横墙承重方案中是由横墙承担楼面、屋面荷载,连同横墙自身荷载一起传递给基础,如图 2-5(a)所示。

在大量性的住宅及宿舍建筑设计中,为节省占地面积,常常使横墙间距(开间)小于纵墙间距(进深)。因此,在结构设计中搁置在横墙上的水平承重构件跨度(即楼板、屋面板长度)小,相应的截面高度就小,在层高相同的情况下可以增加室内的净空高度,满足使用功能要求。由于承重横墙

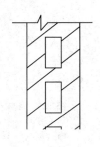

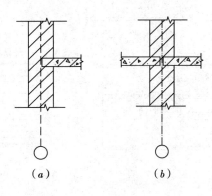

图 2-3 空体墙构造形式(左)

图 2-4 承重墙(右)
(a) 外墙;(b) 内墙

第 2 章 墙 体 27

的间距小,建筑物整体性强,能有效地增加建筑物抵抗变形的能力,提高建筑物整体刚度,对抵抗风力、地震作用和地基不均匀沉降有利;但是建筑开间变化小,不易形成开敞空间,而且墙体较厚,所占面积较多,可使用面积较小。

横墙承重方案适用于房间净面积不大,横墙位置固定的建筑。

(2) 纵墙承重方案

纵墙承重方案中是由纵墙承担楼面、屋面荷载,连同自身荷载一起传递给基础,如图2-5(b)所示。

在教学楼建筑设计中,往往要求教室、阅览室、实验室有较大的空间。采用纵墙承重方案,通常将梁或楼板搁置在内、外纵墙上,跨度较大,相应截面高度较大,材料用量较多,而且在纵墙上开设门、窗洞口的大小及位置受到一定限制。由于横墙不承受外部荷载,所以横墙易灵活布置形成较大空间,但横墙数量少,房屋刚度差,应适当设置横墙,与楼板一起形成纵墙的侧向支撑,保证房屋整体性及空间刚度。

(3) 纵横墙混合承重方案

纵横墙混合承重方案中是由纵墙和横墙共同承担楼面、屋面荷载,连同墙体自身荷载一起传递给基础,如图2-5(c)所示。

在承重结构方案中,横墙承重与纵墙承重各有所长。可根据不同房间开间、进深变化的需要灵活布置,一部分采用横墙承重,另一部分采用纵墙承重,形成纵横墙混合承重方案。这是一种常采用的结构形式,适用于房间变化较多的建筑物,如教学楼、办公楼等。

(4) 外墙内柱混合承重方案

外墙内柱混合承重方案中是由四周外墙和内部梁及柱子共同承担楼面、屋面荷载,如图2-5(d)所示。

这种方案适用于有较大空间要求的建筑,如餐厅、商店等。

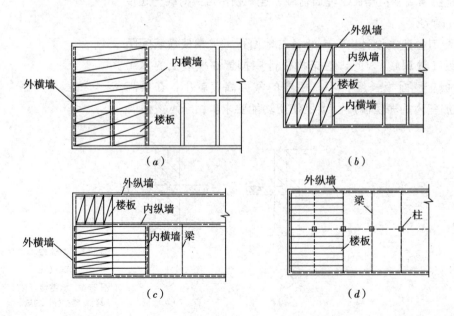

图2-5 墙体承重方案
(a) 横墙承重;(b) 纵墙承重;(c) 纵横墙混合承重;(d) 外墙内柱承重

2. 围护作用

建筑物外墙要抵御自然界各种不利因素，如防风沙、雨雪、各种室外噪声和辐射阳光，起保温、隔热、隔声、防潮等作用，保障建筑物维持正常使用功能。建筑外墙围护如图2-6所示。

对于严寒地区（最冷月平均温度不高于-10℃）、寒冷地区（最冷月平均温度在0~10℃）、夏热冬冷地区（最冷月平均温度在0~10℃，最热月平均温度在25~30℃）的建筑外墙，必须具有足够的保温能力。墙体的保温性能与墙体材料的导热性和墙体构造有关，可通过改善材料的导热性和采取适当的构造措施来提高墙体保温性能。一般说来，材料的孔隙率越大，导热系数越小；具有互不连通、封闭微孔构造材料的导热系数，要比粗大、连通孔隙构造的材料导热系数小；材料含水率增大，导热系数随着增大。材料的导热系数越小，墙体的保温性能就越好。建筑外墙外保温构造如图2-7所示。

外保温墙体的主体可采用混凝土空心砌块，非黏土砖、黏土多孔砖以及现浇混凝土墙体，外侧可采用轻质保温隔热层和耐候饰面层。采用聚苯板作保温隔热层时，先将聚苯板与墙体固定，然后在其上贴玻纤布增强层，抹聚合物水泥砂浆，最后做外墙饰面。也可在主体基层上抹灰找平，然后用专用胶将其粘贴固定，再抹灰饰面。

外墙隔热可通过选用轻质墙体材料，外墙表面平整光滑并采用浅色材料反光，墙内设通风层，在窗口外设置遮阳设施，外表面攀爬绿色植物等措施。

墙体隔声有两种，一种是隔绝空气传声，由空气振动直接传播，如城市道路交通噪声由窗户传入室内，如图2-8所示；另一种是由围护结构振动传播，一方面是固体的撞击或振动的直接作用，另一方面是声波使围护结构产生整体振动并将声波辐射到围护结构另一侧，此时声波并未穿过围护结构材料，而是围护结构成为第二个声源，如门砰击墙、脚步振动楼板，隔墙隔声，如图2-9所示。墙体中声音传播途径，一是通过孔隙；二是通过墙体材料颗粒间振动向外扩散。可以采取加强墙体密缝处理，增加墙体的密实性及厚度，设空气层或多孔材料夹层，在平面设计中考虑隔声措施等。

3. 分隔作用

内墙是建筑物水平空间的分隔构件，将室内划分为具有不同使用功能要求

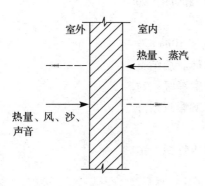

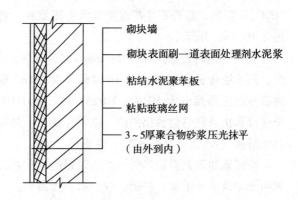

图2-6 建筑外墙围护（左）

图2-7 建筑外墙外保温设置（右）

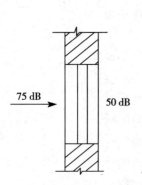
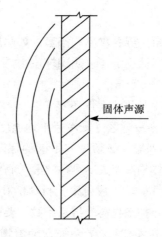

图 2-8 空气传声示意图（左）

图 2-9 固体传声示意图（右）

的空间，如居室与居室的分隔、楼梯间与办公区间的分隔等。

2.2 墙体材料

砌筑墙体是由砂浆和块材按一定组砌方式砌筑而成的砌体，依材料不同有砖墙、砌块墙、石墙等。

2.2.1 块材的种类与性能

块材外形为直角六面体，按生产工艺可分为烧结块材如普通砖、空心砖、混凝土小型空心砌块等，非烧结块材如蒸压灰砂砖、蒸压粉煤灰砖、蒸压加气混凝土、蒸养粉煤灰硅酸盐砌块等；按规格尺寸可分为砌墙砖如普通砖、空心砖、多孔砖，砌块（主规格中长、宽、高至少有一项分别大于365、240、115mm，但高度不大于长度或宽度的6倍）。按密度可分为实心块材如实心黏土砖、粉煤灰砖等，轻质块材如空心砖、混凝土小型空心砌块等。

1. 烧结普通砖、多孔砖、空心砖

（1）烧结普通砖

GB/T 5101—1998 烧结普通砖是以黏土（主要成分高岭石 $Al_2O_3 \cdot 2SiO_2 \cdot 2H_2O$）、页岩、煤矸石或粉煤灰等为主要原料，经成型、干燥、焙烧而成，如图 2-10（a）所示。

烧结普通砖公称尺寸为 240mm×115mm×53mm。若灰缝厚度按 10mm 考虑，则 4 块砖长、8 块砖宽、16 块砖厚组成 $1m^3$ 砌体，需要 512 块砖。烧结普通砖按抗压强度分为 MU30、MU25、MU20、MU15、MU10 五个强度等级；对于强度和抗风化性能合格的砖，按尺寸偏差、外观质量、泛霜和石灰爆裂划分为优等品（A）、一等品（B）、合格品（C）。

烧结普通砖具有较高的强度，较好的耐久性及保温、隔热、隔声性能，主要用于砌筑承重墙体、基础、柱、拱、烟囱等。

(2) 烧结多孔砖、空心砖

烧结多孔砖、空心砖是以黏土、页岩、煤矸石为原料，经制坯、干燥、焙烧而成。多孔砖孔洞率大于15%，孔洞尺寸小且数量多，可用于承重墙；空心砖空洞率不小于35%，空洞尺寸大且数量少，可用于非承重墙或填充墙，如图2-10（b），图2-10（c）、（d）所示。

目前，烧结多孔砖（GB 13544—2000）分为P型和M型两种规格，P型尺寸为240mm×115mm×90mm、240mm×115mm×115mm、240mm×175mm×115mm等；M型尺寸为190mm×190mm×90mm。多孔砖按强度划分为MU30、MU25、MU20、MU15、MU10五个等级；对于强度和抗风化性能合格的砖，按尺寸偏差、外观质量、孔形及孔洞排列、泛霜和石灰爆裂划分为优等品（A）、一等品（B）、合格品（C）。

GB 13545—2003烧结空心砖规格有：290mm×190(140)mm×90mm；240mm×180(175)mm×115mm。按抗压强度划分为MU5.0、MU3.0、MU2.0三个强度等级；按密度划分为800、900、1100三个密度等级，即三个等级密度平均值分别不大于$800kg/m^3$，$801\sim900kg/m^3$，$901\sim1100kg/m^3$；每个密度级根据空洞及排数、尺寸偏差、外观质量、强度等级和物理性能分为优等品（A）、一等品（B）、合格品（C）三个等级。

2. 非烧结砖

(1) 蒸压灰砂砖

GB 11945—1999蒸压灰砂砖是以石灰和砂为主要原料，经坯料制备、压制成型、蒸压养护而制成实心砖。按抗压和抗折强度划分为MU25、MU20、MU15、MU10四个强度等级。

(2) 蒸压（养）粉煤灰砖

JC 239—2001蒸压（养）粉煤灰砖是以粉煤灰、石灰、水泥为主要原料，掺加适量石膏、骨料等，经制坯、成型、高压或常压蒸汽养护而成的实心砖。按抗压强度和抗折强度划分为MU30、MU25、MU20、MU15、MU10五个强度等级。

(3) 炉渣砖

炉渣砖是以炉渣为主要原料，掺加适量石灰、石膏，经制坯、成型、蒸汽或蒸压养护而成的实心砖。按抗压和抗折强度划分为MU20、MU15、MU10三个强度等级。

非烧结砖的外形、公称尺寸、质量等级划分与烧结普通砖相同。

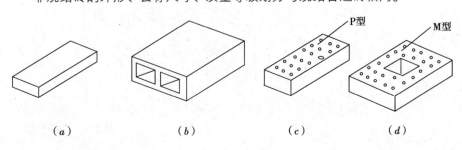

图2-10 烧结砖外形
(a) 烧结普通砖；
(b) 烧结空心砖；
(c)、(d) 烧结多孔砖

非烧结砖可广泛应用于工业与民用建筑的墙体；MU15 及以上强度等级的非烧结砖可用于基础和易受冻融破坏或干湿交替作用的建筑部位，但不得用于长期受热200℃以上、受急冷急热和有酸性侵蚀的建筑部位。

3. 砌块

砌块的规格尺寸比砖大；原材料多为工业废料。按产品规格可分为小型砌块（主规格高度为 115～380mm）、中型砌块（主规格高度为 380～980mm）、大型砌块（主规格高度大于980mm）；按主要原材料可分为混凝土砌块、粉煤灰砌块、加气混凝土砌块、轻集料混凝土小型空心砌块等。

（1）混凝土小型空心砌块

GB 8239—1997 混凝土小型空心砌块是以水泥为胶结材料，砂、石或煤矸石、炉渣等为骨料，经加工、养护而成，空心率不小于25%。基本砌块规格（长×宽×高）为：

190 系列（共两组）：

主砌块 390mm×190mm×190mm（型号 K422）

辅助块 290×190mm×190mm，190mm×190mm×190mm，90mm×190mm×190mm；

主砌块 390mm×190mm×90mm（型号 K421）

辅助块 290×190mm×90mm，190mm×190mm×90mm，90mm×190mm×90mm；

90 系列（共两组）：

主砌块 390mm×90mm×190mm（型号 K412）

辅助块 290mm×90mm×190mm，190mm×90mm×190mm，90mm×90mm×190mm；

主砌块 390mm×90mm×90mm（型号 K411）

辅助块 290mm×90mm×90mm，190mm×90mm×90mm，90mm×90mm×90mm；

此外，还有配套用过梁砌块、芯柱开口块等。砌块外形如图 2-11 所示。

混凝土小型空心砌块按抗压强度分为 MU3.5、MU5.0、MU7.5、MU10.0、MU15.0、MU20.0 六个强度等级；按尺寸偏差、外观质量划分为优等品（A）、一等品（B）、合格品（C）。各等级抗压强度见表 2-1。

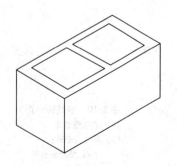
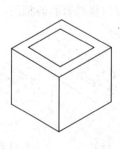
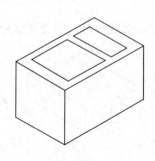

图 2-11 砌块外形

混凝土小型空心砌块抗压强度　　　　　　　表 2-1

强度等级		MU3.5	MU5.0	MU7.5	MU10.0	MU15.0	MU20.0
抗压强度值，MPa	5 块平均值，≥	3.5	5.0	7.5	10.0	15.0	20.0
	单块最小值，≥	2.8	4.0	6.0	8.0	12.0	16.0

混凝土小型空心砌块有承重和非承重两种，适用于地震设计烈度为 8 度和 8 度以下地区的一般工业与民用建筑的墙体。砌块干缩值要求：用于承重墙和外墙，小于 0.5mm/m；用于非承重墙和内墙，小于 0.56mm/m。

（2）蒸压加气混凝土砌块

GB 1968—1997 蒸压加气混凝土砌块是以水泥、石灰等钙质材料和矿渣、粉煤灰等硅质材料为主要原料，铝粉做加气剂，经加工、养护而成的多孔轻质墙体材料。

蒸压加气混凝土砌块尺寸规格：

长度为 600mm；

宽度为 100，125，150，200，250，300mm 或 120，180，240mm；

高度为 200，250，300mm。

蒸压加气混凝土砌块按抗压强度分为七个级别：A1.0、A2.0、A2.5、A3.5、A5.0、A7.5、A10.0，各等级抗压强度见表 2-2；按体积密度分为六个级别 B03、B04、B05、B06、B07、B08，各等级体积密度见表 2-3。

蒸压加气混凝土砌块具有表观密度小，保温、隔声性能好，耐火性强等特点，但易干缩开裂，要求其砌筑砂浆应符合《蒸压加气混凝土用砌筑砂浆与抹面砂浆》JC 890—2001 规定。

加气混凝土砌块抗压强度　　　　　　　表 2-2

强度等级		A1.0	A2.0	A2.5	A3.5	A5.0	A7.5	A10.0
立方体抗压强度值，MPa	平均值，≥	1.0	2.0	2.5	3.5	5.0	7.5	10.0
	单块最小值，≥	0.8	1.6	2.0	2.8	4.0	6.0	8.0

加气混凝土砌块体积密度　　　　　　　表 2-3

密度等级	B03	B04	B05	B06	B07	B08
强度等级	A1.0	A2.0	A3.5	A5.0	A7.5	A10.0
体积密度，kg/m³，≥	300	400	500	600	700	800

加气混凝土砌块质轻，保温隔热性能好，但强度低，主要用于非承重框架填充墙或隔墙。

（3）粉煤灰硅酸盐砌块

JC 238—1991（1996）粉煤灰硅酸盐砌块，是以粉煤灰、石灰、石膏、骨

料等为主要原料,加工养护而成的一种密实砌块,多为中型砌块,主要规格:

$$880mm \times 380mm \times 240mm$$
$$880mm \times 430mm \times 240mm$$

按立方体抗压强度分为 MU10、MU13 两个强度等级。表观密度小于 $1900kg/m^3$,具有良好的保温隔热性能,适用于一般的墙体工程。

2.2.2 砌筑砂浆的分类与性能

砌筑砂浆能够将砖、石、砌块等块材粘结成整体,并起传递荷载作用。砂浆砌筑越饱满,它的作用效果越明显。

1. 砌筑砂浆的原材料及要求

砌筑砂浆由胶凝材料(如水泥)、细骨料(如砂)、必要的外加剂(微沫剂等)或掺合料(生石灰粉、粉煤灰等)、水组成。

(1)水泥

水泥属水硬性胶凝材料,不仅能在空气中硬化,而且能够在水中更好地硬化,保持并发展其强度。在建筑工程中,水泥常用来拌制砂浆和混凝土,也用作粘结浆料。

硅酸盐类水泥的主要水硬性物质是硅酸钙,硬化原理如下:水泥中可溶于水的活性物质硅酸钙与水发生水化反应,生成难溶或不溶于水的水化产物,并释放一定的热量,随着水化反应继续进行,水化产物不断溶解、析出,在颗粒间形成网状结构,逐渐变稠,失去塑性,开始凝结,直至硬化。简单地说,水泥的凝结硬化是一个由表及里、由快变慢的过程。硬化后的水泥石是由水泥凝胶、未完全水化的颗粒、孔隙等组成的非匀质结构体。

常用硅酸盐类水泥品种主要有硅酸盐水泥(代号 P·Ⅰ、P·Ⅱ,GB 175—1999)、普通硅酸盐水泥(代号 P·O,GB 175—1999)、矿渣硅酸盐水泥(代号 P·S,GB 1344—1999)、粉煤灰硅酸盐水泥(代号 P·F,GB 1344—1999)、火山灰质硅酸盐水泥(代号 P·P,GB 1344—1999)、复合硅酸盐水泥(代号 P·C,GB 12958—1999)六种,其组成、性质见表2-4。工程中可根据水泥的性质、使用部位、环境条件等综合因素合理选择水泥品种。此外,还有快硬硅酸盐水泥、高铝水泥、彩色水泥、膨胀水泥、抗硫酸盐硅酸盐水泥等品种。

常用水泥品种的组成、性质 表2-4

水泥品种	硅酸盐水泥（P·Ⅰ、P·Ⅱ）	普通硅酸盐水泥（P·O）	矿渣硅酸盐水泥（P·S）	粉煤灰硅酸盐水泥（P·F）	火山灰质硅酸盐水泥（P·P）	复合硅酸盐水泥（P·C）
组成（硅酸盐水泥熟料+适量石膏+混合材料）	没有或少量混合材料（0%~5%）	少量混合材料（6%~15%）	20%~70%粒化高炉矿渣	20%~50%火山灰质混合材料	20%~40%粉煤灰	15%~50%规定两种或两种以上混合材料

续表

水泥品种	硅酸盐水泥（P·Ⅰ、P·Ⅱ）	普通硅酸盐水泥（P·O）	矿渣硅酸盐水泥（P·S）	粉煤灰硅酸盐水泥（P·F）	火山灰质硅酸盐水泥（P·P）	复合硅酸盐水泥（P·C）
主要性质	早期强度高；水化热大；耐热性差；抗冻性好；耐腐蚀性差		早期强度低、后期强度高；水化热小；耐热性较好；抗冻性较差；耐腐蚀性好			
			干缩较大	干缩大	干缩小	早期强度较高；干缩较大

硅酸盐水泥强度划分为42.5、42.5R、52.5、52.5R、62.5、62.5R六个等级；普通硅酸盐水泥、矿渣硅酸盐水泥、火山灰硅酸盐水泥、粉煤灰硅酸盐水泥、复合硅酸盐水泥强度等级分为32.5、32.5R、42.5、42.5R、52.5、52.5R，它们均是以一定量的水泥、标准砂、水，按标准方法制作标准试件40mm×40mm×160mm，标准养护3d、28d，测定抗压和抗折强度，综合评定等级。

一般地，水泥砂浆中水泥强度不超过32.5级，混合砂浆中不超过42.5级。

水泥强度等级与混凝土设计强度等级相适应，即高强度水泥用于拌制高强度等级混凝土，低强度水泥用于拌制低强度等级混凝土或砌筑砂浆。一般情况下，水泥强度等级为混凝土强度等级的1.5~2.0倍。

不同生产厂家、不同品种、不同强度水泥不得混用。

（2）砂

砂要符合GB/T 14683—2001规定，颗粒级配、粗细程度、含泥量及有害杂质含量满足要求。一般砌体选中砂为宜，毛石砌体采用粗砂，砂最大粒径与灰缝厚度有关，一般不大于灰缝厚度的1/4。

（3）外加剂或掺合料

具有改善砂浆、混凝土性能，易于施工操作，同时节约水泥作用。常用外加剂如减水剂、缓凝剂、泵送剂、防水剂、早强剂等，掺合料如石灰膏、粉煤灰等。

（4）水

拌合及养护用水以生活饮用水为宜。

2. 砌筑砂浆分类与性能

砌筑砂浆不仅要求具有一定的强度，以保证粘结力和传递力，而且还要求易于施工操作，即具有良好的和易性（包括流动性、保水性，流动性即稀稠程度，保水性即水不易析出的能力）。砌筑砂浆性能与原材料性能、用量，块材种类，养护条件等因素有关。

就胶凝材料不同砌筑砂浆主要有三种：水泥砂浆、混合砂浆、石灰砂浆。水泥砂浆强度高，防潮性能好，耐水性强，主要用于地面以下要求防潮、受力较大的墙体。混合砂浆具有一定的强度，和易性好，广泛应用于地面以上的墙体砌筑和抹灰工程，主要有水泥石灰混合砂浆、粉煤灰水泥砂浆、粉煤灰水泥石灰混合砂浆等。石灰砂浆，和易性好，但强度低，防潮性能差，主要用于地面以上无防水防潮要求且强度低的非承重墙体。

砌筑砂浆强度是采用标准方法制作 70.7mm×70.7mm×70.7mm 立方体标准试块，标准养护 28d 龄期测定的抗压强度，划分为六个强度等级：M20、M15、M10、M7.5、M5、M2.5。

不同强度等级砌筑砂浆，所用原材料不同，配合比也各不相同。砂浆配合比是用每立方米砂浆中各原材料掺配在一起的比例，可从砂浆配合比速查手册查得，也可按行标 JGJ 98—2000 中设计方法计算得到，但最终必须通过试验进行性能验证。

2.3 墙体细部构造

2.3.1 墙体尺度

墙体尺度是指厚度和墙段两个方向尺寸。它们应满足结构和功能设计要求，并且与块材尺寸相符合，例如，普通标准砖规格为 240mm×115mm×53mm，用砖块的长、宽、高作为墙体厚度的基数，如果墙厚超过砖块尺寸，以及砌筑过程中错缝搭接要求（灰缝按 10mm 考虑），那么砖厚加灰缝、砖宽加灰缝与砖长基本形成 1∶2∶4 比例。

1. 墙厚

墙体所用材料和构造方式不同，厚度也不同。墙体厚度应满足结构和功能要求。标准砖墙厚度尺寸见表 2-5。

标准砖墙厚度 表2-5

俗　称	墙　厚	设计尺寸（mm）
6 厚墙	1/4 砖长	53
12 墙	1/2 砖长	115
24 墙	1 砖长	240

2. 墙段尺寸

墙段尺寸主要是指窗间墙、转角墙的长度。标准砖墙砌筑时以 115mm + 10mm = 125mm 作为组合模数，而与民用建筑平面参数以 300mm 进位，竖向参数以 100mm 进位不协调，为此施工规范允许竖缝宽度在 8~12mm 范围，使墙段尺寸有少量调整的余地。一般地，墙段超过 1m 时可不考虑砖的模数，但墙段小，灰缝调整余地少，需考虑砖的模数，如 490mm[490 = (115 + 10)×2 + 240]、620、740、870mm 墙段调整范围在 10mm 以内，否则砌筑时会因砍砖过多影响砌体强度。

混凝土小型空心砌块规格尺寸与模数制协调，可以组合出任何符合 100mm 基本模数的砌体。

2.3.2 细部构造

1. 墙脚构造

墙脚各部分名称，如图 2-12 所示。

(1) 墙身防潮

墙身防潮是在墙角铺设防潮层，防止土壤中和地表的水渗入墙体引起墙体表面脱落。墙身防潮层包括水平防潮层和垂直防潮层，如图 2-13 所示。

水平防潮层，常设在地面构造中不透水垫层范围内，沿墙体长度方向展开形成封闭的平面。一般设在低于室内地坪 60mm 处，同时还应至少高于室外地面 150mm，以防雨水溅湿墙身向内渗透。当内墙两侧地面出现高度差或室内地面低于室外地面（地下室）时，除应在不同地面构造处设置水平防潮层外，还应在墙身靠土体一侧设垂直防潮层，并与水平防潮层封闭。

墙身防潮层的构造做法有三种：油毡防潮层、防水砂浆防潮层、细石混凝土防潮层，其中以防水砂浆防潮层最多。油毡防潮层是用 20mm 厚 1：2.5 水泥砂浆找平，上铺一毡二油，利用油毡的防水性起到防潮作用。防水砂浆防潮层是用 25mm 厚 1：2 水泥砂浆（掺入 3%～5%防水剂）做防潮层，或用防水砂浆砌 3～5 皮砖。细石混凝土防潮层是采用 60mm 厚 C20 细石混凝土带，内配 3φ6 纵筋。防水砂浆防潮层构造简单，与砌筑墙体的整体性好，便于施工操作，但密实度低或开裂会影响防潮效果。细石混凝土防潮层防潮效果好，主要用于地表和土壤中水量较大的地区。油毡防潮层，防潮效果好，但削弱了墙体的整体性，不宜用于刚度要求高或有抗震要求的建筑。

如果在块材墙体防潮层位置设有地圈梁或条石砌筑墙脚，可以不另设防潮层。

墙身垂直防潮层的常用做法是将砖墙表面用 20mm 厚的 1：2.5 水泥砂浆找平，外涂冷底子油一道，热沥青两道，或采用防水涂料、防水砂浆、防水卷材等多层构造做法。

(2) 勒脚

勒脚是建筑物外立面的墙脚，对墙身起保护（免受机械碰撞）、防潮防水（防止雨水、地表水浸袭）、装饰美化建筑立面等作用。

勒脚选材应与建筑立面材料协调一致；勒脚高度通常高于室外地面 500mm 左右，或至窗台处；勒脚一般常采用以下构造做法：

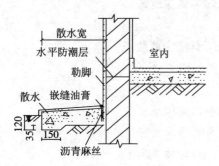
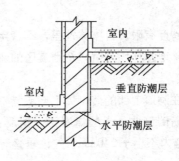

图 2-12 墙脚构造（左）

图 2-13 墙身防潮层设置（右）

1）抹面

墙体基层可采用8~15mm厚1：3水泥砂浆打底，12mm厚1：2水泥砂浆、水泥白石子浆（水刷石）或斩假石抹面。抹面勒脚多用于一般建筑。

2）贴面

墙体基层采用12mm厚1：3水泥砂浆打底，用天然石材、人工石材或陶瓷面砖贴面，如花岗石、水磨石板、外墙面砖等。贴面勒脚用于较高标准建筑。

勒脚与防潮层一样，可根据墙脚处材料及做法适当设置，也可不设，如用条石砌筑墙脚，可不设勒脚。

（3）散水

散水是指疏散雨水，是将建筑物周围墙脚处的雨水有组织的排走，防止其侵入墙根而危害墙体和基础。

散水宽度一般为600~1000mm，并要比檐口宽出200mm左右。散水向外应设不小于3%的坡度。散水的做法通常是在素土夯实上，铺设80~100mm垫层，如混凝土垫层、三合土垫层等，表面抹15mm厚1：2水泥砂浆。

在散水长度适当位置处、转角处及与外墙交汇处，为避免收缩变形产生不规则裂缝，用伸缩缝（缝宽20mm左右）将其断开。内填沥青麻丝，表面用油膏或1：1沥青砂浆嵌缝。

冻土地区散水垫层下应设防冻胀层，一般常用200mm厚粗砂或炉渣做垫层，防止土壤因冻胀而使散水起拱开裂。

2. 窗洞口构造

（1）过梁

过梁是支承门窗洞口上部墙体重量，并传递给两侧墙体的承重构件。根据材料和构造方式不同，过梁有砖拱过梁、钢筋砖过梁、钢筋混凝土过梁三种。其中，广泛采用钢筋混凝土过梁。

1）砖拱过梁

砖拱过梁有平拱和弧拱两种，多见于古建筑和民居，是传统的做法。平拱过梁由砖侧砌而成，正中间一块垂直放置，两侧砖对称，砖缝上宽下窄相互挤压向两端倾斜，下部伸入墙内20~30mm，中部起拱高度约为跨度的1/50。靠材料间的挤压摩擦向两侧墙体传递荷载。平拱的跨度在1.2m以内，弧拱的跨度可大些。

由于砖拱过梁跨度有限，且整体性差，不宜用于半砖墙，上部有集中荷载或有较大振动荷载，地基不均匀沉降及地震区的建筑。

2）钢筋砖过梁

钢筋砖过梁是在洞口上部的砖砌体下皮灰缝中配置适当的钢筋，用以承受一定弯矩，形成配筋砖砌体。一般情况下，钢筋直径为6mm，间距不应大于120mm，深入两边墙内不小于240mm，并设垂直弯钩埋入竖缝中。砖砌体采用

M5 水泥砂浆砌筑，高度不小于 5 皮砖且不小于洞口宽度的 1/4，跨度不宜大于 2m。

钢筋砖过梁施工麻烦，用于洞口跨度在 2m 以内的低层清水墙建筑中。

3）钢筋混凝土过梁

钢筋混凝土过梁承载力高，对不均匀沉降或振动的适应性强，是过梁最常用的一种形式。按施工方式不同有预制装配钢筋混凝土过梁和现浇钢筋混凝土过梁两种。

过梁宽度一般与墙厚相同，高度与砖的皮数相配合，并按结构设计计算确定。普通砖砌体中梁高常采用 120、180、240mm，两端深入墙内的支承长度不小于 240mm。

钢筋混凝土过梁的截面有矩形、L 形，立面形式配合门窗洞口而定。矩形一般用于内墙或非采暖地区外墙，如图 2-14（a）所示。有时出于立面需要，可将过梁与窗套、雨篷、窗楣板、遮阳板结合设计。带有窗套过梁截面为 L 形，挑出 60mm，高 60mm，如图 2-14（b）所示。在严寒或寒冷地区为防止过梁表面产生凝结水常采用 L 形过梁，减少外露部分面积，如图 2-14（c）所示。

（2）窗台

窗台的作用是排除沿窗面流下的雨水，防止渗入墙身或室内。窗台按位置不同有外窗台和内窗台；按与墙面的关系有挑出和不挑出；按所用材料不同有砖砌窗台、混凝土窗台、预制磨石窗台板等。

外窗台向外设 5% 以上的坡度，以利排水。外窗台出挑时，下端抹成滴水。做窗台排水坡度抹灰时，要将灰浆嵌入槛灰口内，以防雨水顺缝渗入。

内窗台一般水平放置，也可略向内倾。预制窗台板两边伸入墙内不小于 120mm，挑出墙面一般 60mm。窗台构造形式如图 2-15 所示。

3. 墙身加固措施

为了增强房屋整体刚度和稳定性，抵抗地震作用的影响，减轻地基不均匀沉降对房屋的破坏，需要对墙身采取加固措施，如设置圈梁、构造柱、壁柱等。

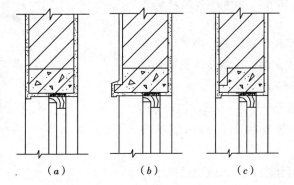

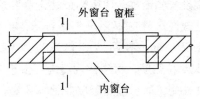

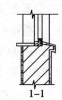

图 2-14　钢筋混凝土过梁（左）
(a) 矩形截面过梁；
(b) 带窗套过梁；
(c) 采暖地区外墙过梁

图 2-15　窗台形式(右)

(1) 圈梁

圈梁是沿建筑物外墙及部分内墙设置的连续封闭水平梁。按材料和构造做法不同有钢筋混凝土圈梁和钢筋砖圈梁两种,目前广泛采用现浇钢筋混凝土圈梁。

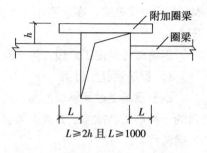

图2-16 附加圈梁

钢筋混凝土圈梁宽度一般同墙厚,也可小于墙厚,但不得小于墙厚的2/3及240mm;高度不小于120mm,且与砖的皮数相配合。纵筋常用 $4\phi10 \sim 12$,箍筋 $\phi6$,间距不大于300mm。

圈梁的数量、位置按《建筑抗震设计规范》GB 50011—2001 的相关规定设置,与建筑物层数、地基情况、抗震等级等因素有关,常设置在檐口、基础、楼板层部位。建筑物抗震等级越高,圈梁数量越多。在竖向上可层层设置,或隔层设置;在水平向上可沿外墙、内纵墙、梯间墙、隔开间内横墙设置,9度及以上时各层所有墙体中均应设置,见表2-6。

圈梁上表面可与楼板上表面平齐,或与楼板下表面平齐。

当遇洞口不能封闭时,应在洞口上部或下部设置相同截面的附加圈梁,其搭接长度 L 不应小于二者净高 h 的2倍,且不小于1m,如图2-16所示。

现浇钢筋混凝土圈梁设置 表2-6

墙体类型	抗震设防烈度		
	6度、7度	8度	9度
外墙和内纵墙	屋盖处及每层楼盖处	屋盖处及每层楼盖处	屋盖处及每层楼盖处
内横墙	同上,屋盖处间距不应大于7m;楼盖处间距不应大于15m;构造柱对应部位	同上,屋盖处所有横墙,且间距不应大于7m;楼盖处间距不应大于7m;构造柱对应部位	同上,各层所有内横墙

(2) 构造柱和芯柱

在多层砖混结构房屋中设置钢筋混凝土构造柱,使之与各层圈梁连接形成空间骨架,提高墙体的抗弯、抗剪能力,使墙体在破坏过程中具有一定的延性,减缓墙体酥碎现象的发生。

根据建筑物的抗震等级要求,一般在建筑物的四角及转角处、内外墙交接处、楼梯间与电梯间四角、大房间内外墙交接处、较大洞口两侧及较长墙体的中部等位置设置构造柱,砖房构造柱设置要求见表2-7。

构造柱截面尺寸应不小于180mm×240mm,纵筋一般为 $4\phi12$,箍筋 $\phi6$,间距不大于250mm,在两端处应适当加密。构造柱与墙之间应沿墙高每500mm 设 $2\phi6$ 拉结筋,每边伸入墙内不少于1m。

构造柱在施工时,应先砌墙并留马牙槎,随着墙体的上升逐段现浇钢筋混凝土构造柱。构造柱形式如图2-17所示。

砖房构造柱设置要求　　　　　表 2-7

抗震设防烈度	6 度	7 度	8 度	9 度	设置部位	
层数	四五	三四	二三		外墙四角，错层部位横墙与外纵墙交接处，大房间内外墙交接处，较大洞口两侧	7 度、8 度时，楼、电梯间四角；隔 15m 或单元横墙与外纵墙交接处
	六七	五	四	二		隔开间横墙（轴线）与外纵墙交接处，山墙与内纵墙交接处；7~9 度时，楼、电梯间四角
	八	六七	五六	三四		内墙（轴线）与外墙交接处，内墙的局部较小墙垛处；7~9 度时，楼、电梯间四角；9 度时内纵墙与横墙（轴线）交接处

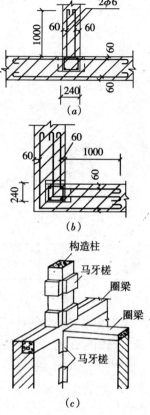

图 2-17　构造柱
(a) 内外墙交接处；
(b) 转角处；
(c) 马牙槎示意图

为增加空心砌块墙体稳定性，在纵横墙连接处，外墙转角处设置芯柱。芯柱内配置竖向钢筋的孔洞采用 C20 细石混凝土填灌，水平灰缝内设 $\Phi 4@600$ 钢筋点焊网片。芯柱截面如图 2-18 所示。

（3）门垛和壁柱

当建筑物窗间墙上有集中荷载，而墙厚又不足，或墙体的长度、高度超过一定限度时，常在适当的位置加设壁柱，以提高墙体的刚度和稳定性，并与墙体共同承担荷载。壁柱的尺寸应符合砖的模数，突出墙面长 120mm 或 240mm、宽 370mm 或 490mm。

当墙上开设的门洞在转角处，或丁字墙交接处，为保证墙体稳定性及便于门框的安装，常设门垛，突出墙面长 120mm 或 240mm，如图 2-19 所示。

4. 框架填充墙细部构造

在严寒、寒冷地区，为避免框架结构构件梁、柱产生热桥，常将填充墙包柱、梁砌筑或外加保温板。填充墙一般采用节能保温墙体，如空心砖墙、砌块墙或复合墙等。采暖地区框架填充墙细部构造如图 2-20 所示。

5. 墙体变形缝处构造

墙体变形缝的形式根据墙体厚度不同，有平缝、错口缝、企口缝，如图 2-21 所示。当墙体厚度较大时，采用错口缝、企口缝。

伸缩缝、沉降缝、防震缝，虽然作用不同，但墙体处的构造基本相同：墙体在缝处全部断开，保证缝两侧墙体自由变形。为避免外界自然因素对建筑物使用功能的影响，缝内应填塞沥青麻丝、泡沫塑料等弹性材料，墙面需做盖缝处理。外墙面可采

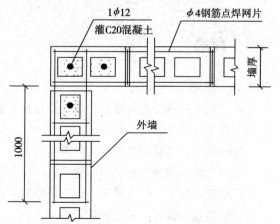

图 2-18　芯柱截面

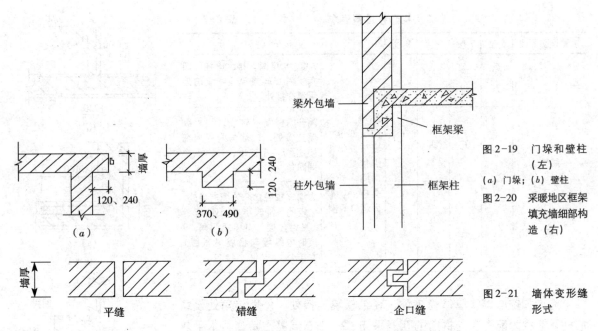

图 2-19 门垛和壁柱（左）
(a) 门垛；(b) 壁柱
图 2-20 采暖地区框架填充墙细部构造（右）
图 2-21 墙体变形缝形式

用金属板调节，如镀锌钢板、铝板，内墙面可采用木板条或金属装饰板盖缝，只一边固定在墙上，允许自由变形，如图 2-22 所示。

当用金属板盖缝时，为便于金属板上面抹灰处理，常在金属板上加钉钢丝网。

图 2-22 变形缝构造
(a) 外墙；(b) 内墙

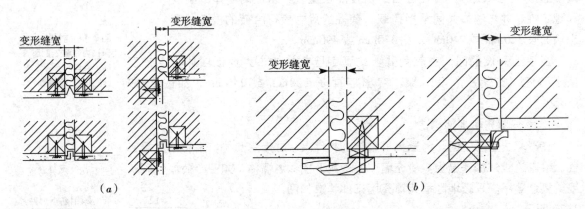

2.4 隔墙

2.4.1 隔墙设计要求

由于隔墙不承受任何外来荷载，且自身重量全部由楼板或小梁承担，在设计时应注意以下要求：

①自重轻，减轻楼板荷载；
②厚度薄，增加建筑的有效空间；
③装配化施工，便于拆卸，当使用要求发生变化时能够灵活装拆；
④隔声能力较强，避免各使用房间互相干扰；

⑤满足一定的功能要求，如卫生间隔墙要求防水、防潮等。

2.4.2 隔墙种类

隔墙类型有很多，根据材料和构造方式不同，可分为轻骨架隔墙、块材隔墙、板材隔墙三大类。

1. 轻骨架隔墙

轻骨架隔墙又称立筋式隔墙，它由骨架、基层和面层三部分组成，如图2-23所示。

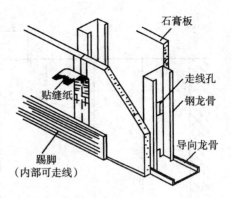

图2-23 轻骨架隔墙

通常采用木材、薄壁型钢做骨架（轻钢骨架）；板条、钢丝网、纸面石膏板、吸声板等做基层；抹灰、涂料、贴壁纸等做饰面。

木骨架由上槛、下槛、竖向墙筋、斜撑及横档组成，上、下槛及墙筋断面尺寸稍大些，为45～50mm×70～100mm，墙筋间距常用400mm，横档间距可与墙筋间距相同或增大。

轻钢骨架由上、下导向骨架和竖龙骨组成，常用薄壁型钢有槽钢和工字钢，具有强度高，刚度大，自重轻，易于加工和批量生产，施工方便。先用螺钉将上、下导向骨架固定在楼板上，再安装竖龙骨（墙筋），间距为400～600mm，龙骨上留有走线孔。

2. 块材隔墙

（1）砖砌隔墙

砖砌隔墙有1/4砖厚和1/2砖厚两种。砌墙用的砂浆应不低于M5。当墙高超过3m或墙长超过5m，应有加固措施，施工时将隔墙与承重墙或柱通过拉结筋连接，在墙内每隔500～800mm设2ϕ6拉结筋，长度不小于1000mm。隔墙顶部采用斜砌立砖，填堵墙与楼板间的空隙。隔墙上有门时，要将预埋件或带有木楔的混凝土预制块砌入隔墙中以固定门框。

（2）砌块隔墙

砌块隔墙厚度取决于砌块尺寸，一般为90～120mm。由于砌块具有孔隙率大，吸水性强的特点，所以砌筑时常在墙下先砌筑3～5皮黏土实心砖。砌块隔墙厚度较薄，与砖砌隔墙相似，也需要采取加固与稳定性措施，方法与砖隔墙类似。轻质砌块隔墙可直接砌在楼板上，不必再设承重梁。但不宜用于潮湿房间。

块材隔墙坚固耐久，有一定隔声能力，但自重大，湿作业多，施工麻烦，工期较长。

3. 板材隔墙

板材隔墙具有自重轻、安装方便、施工速度快、工业化程度高等优点。常采用的预制板材有加气混凝土条板、碳化石膏板、石膏珍珠岩板及水泥钢丝网夹心复合墙板（泰柏板）、复合彩色钢板等，如图2-24所示。

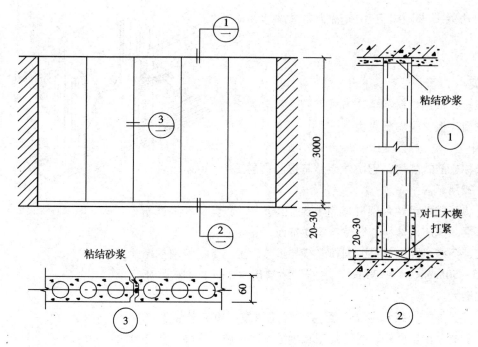

图 2-24 板材隔墙

2.5 墙面装修

2.5.1 装饰装修材料简介

装饰装修材料是实现装饰装修工程的物质基础,装饰装修材料以其特定的光泽、质感、纹饰、色彩、形状尺寸,经过建筑师的艺术加工和创造来达到装饰美化的目的,满足人们对特定环境功能的要求。如今,随着材料工业的快速发展,人们对审美、健康、环保概念不断加强,装饰材料不仅在质量上有了很大改善,而且品种日益增多。绿色建材、绿色设计成为倡导生命永恒的主题。

装饰装修材料品种繁多,大体概括为饰面石材、建筑陶瓷、建筑涂料、玻璃。

1. 饰面石材

饰面石材有天然石材和人造石材两类。天然石材是对天然岩石进行形状、尺寸、表面加工而成,常用的有天然大理石和天然花岗石等,根据其纹理特点,天然大理石又称云石,天然花岗石又称麻石;人造石材是以无机(如水泥)或有机(如不饱和聚酯树脂)胶结材料,天然石材碎料、石渣或砂等为骨料加工而成的天然石材制品,具有天然石材的质感和花纹,可加工成各种图案和几何形状,是集美观、经济、实用于一体的理想装饰材料,常用的有人造大理石、人造花岗石、水磨石等。

(1) 天然大理石板

天然大理石是石灰岩、白云岩、方解石等地壳中原有的岩石经地质作用而再结晶的产物。主要矿物成分为方解石,具有颗粒粗细不等的变晶结构。

天然大理石的主要化学成分是碳酸钙,将大理石荒料经锯切、打磨、抛光等工序加工成大理石板材。纯大理石为雪白色(如汉白玉),所含夹杂物不同有灰色、绿色、黑色、粉红色、黄色等多种色彩,常有网脉和花纹。抗压强度为 60~170MPa,表观密度为 2600~2700kg/m³,由于其较高的密度,能很好地加以磨平和磨光。天然大理石板色泽、纹理、图案富于变化,装饰性极强。但由于空气中含有的少量二氧化硫长期遇水作用形成亚硫酸,再与岩石中的碳酸钙作用,生成易溶于水的石膏,使大理石表面变得粗糙,失去光泽,这种现象称为风化,因此,大理石板材不宜用于室外。主要用于大中型公共建筑的中高级装饰,如展览馆、影剧院、宾馆、图书馆等的室内墙面、柱面装饰。

(2)天然花岗石板

天然花岗石是岩浆在地壳深处受压力作用,冷却形成的岩石,主要矿物成分为长石、石英,主要化学成分为二氧化硅,具有致密的结晶结构和块状构造,抗压强度高,可达 120~250MPa,表观密度大,达 2500~2700kg/m³,孔隙率、吸水率很小,具有对硝酸和硫酸的高度抗腐蚀性,可做设备的耐酸衬里。天然花岗石板材可用于大中型公共建筑的室内外墙面、柱面、地面等的高级装饰,以产地及颜色命名,如济南青、东北红等。

(3)水磨石板

水磨石板是以水泥、色石渣和砂为主要原料加工而成的一种人造板材,具有质量轻、强度高、耐腐蚀、施工方便等优点,但色泽、纹理、质感不如天然石材,多用于地面、窗台、踢脚等部位。色石渣规格与粒径关系见表2-8。

色石渣规格与粒径关系 表2-8

规格俗称	粒径(mm)	常用品种
大二分	约20	汉白玉、东北黑、湖北黄、盖平红、东北灰、墨玉、银河
一分半	15	
大八厘	8	
中八厘	6	
小八厘	4	
米粒石	2~6	

2. 建筑陶瓷

建筑陶瓷是以高岭土或膨润土、耐火黏土等为主要原料,加工成型焙烧而成的烧土制品。按坯体质地和烧结程度分为三种:陶质、炻质和瓷质。陶质、炻质又可分为粗陶、精陶,粗炻、精炻。陶质制品、炻质制品、瓷质制品主要区别见表2-9,建筑装饰工程中的陶瓷制品主要是陶质、炻质,瓷质很少用。

陶质制品、炻质制品、瓷质制品主要区别　　　　　表 2-9

性能＼种类	吸水率	断面	透明性	是否釉彩	举例
陶质制品	较大	粗糙无光泽	不透明	上釉或不上釉	釉面砖、琉璃制品
炻质制品	较小	较细腻	有较弱的透明性	上釉或不上釉	地面砖、外墙砖、陶瓷锦砖
瓷质制品	很小	细腻呈贝壳状	半透明	上釉	

①釉面砖 GB/T 4100—1992 也称瓷砖，属精陶制品，具有耐酸、耐碱、抗急冷急热、表面光滑、易于清洗等特点，吸水率小于18%，常用规格有 300mm×200mm×4~5mm，200mm×200mm×4~5mm，主要适用于浴室、厨房、走廊、实验室等内墙面，不适于外墙面，因其结构多孔，吸水率较大，长期在室外冻融循环交替作用下釉面易产生开裂、剥落等现象。

②彩釉砖　即彩色釉面陶瓷墙地砖，属炻质制品。坯体质地密实，吸水率不大于10%，抗冻性较好，强度高，坚固耐用，耐磨，装饰效果好。常用规格见表 2-10。

彩釉砖的常用规格（mm）　　　　　表 2-10

100×100	300×300	200×150	115×60
150×150	400×400	250×150	240×60
200×200	150×75	300×150	130×65
250×250	200×100	300×200	260×65

3. 建筑涂料

涂料，旧称油漆，多以天然树脂、天然植物油（如亚麻子油、桐油、松香等）为主要原料而得名。随着合成材料工业的发展，如今人工合成树脂以其数量和质量的优势取代了天然植物油和天然树脂。

涂料是指涂敷于物体表面后能与基体材料良好粘结并形成完整而坚韧保护膜的物质。按使用功能不同分为油漆涂料和建筑涂料两大类；按主要成膜物质的化学成分分为无机涂料和有机涂料；按涂料的特殊功能可分为防火涂料、防水涂料、保温隔热涂料等。无机涂料又分为水泥、石灰类和高分子涂料，有机涂料又分为水溶型涂料、溶剂型涂料和水性乳液型涂料即乳胶漆三种。油漆涂料用于家具、门窗表面涂刷，建筑涂料用于建筑外墙面、内墙面、顶棚、地面。

（1）油漆涂料

调合漆，是在熟干性油中加入颜料、溶剂、催干剂等调合而成，是最常用的一种油漆，具有质地均匀，漆膜遮盖力强，色彩丰富，耐久性好，易于施工等特点，可用作室内外钢材、木材表面涂刷。

清漆是以树脂为主要成膜物质，分为油质清漆和醇质清漆两类。油质清漆有酚醛清漆、醇酸清漆；醇质清漆有虫胶清漆。酚醛清漆具有干燥快、漆膜坚韧耐久、耐热、耐水、耐弱酸弱碱、光泽好等优点，缺点是漆膜易泛黄，不宜作浅色涂刷；醇酸清漆具有附着力好、光泽好、漆膜硬度高、可抛光打磨等特点，但漆膜脆，耐热性差，大气稳定性差，主要用作室内门窗、家具的涂刷；虫胶清漆具有使用方便、干燥快、漆膜坚硬光亮，但耐水、耐热性较差，主要用于室内涂刷；硝基清漆是以硝化纤维素为基料，加入其他树脂、增塑剂制成，具有漆膜干燥快，无色透明，坚硬耐磨，光泽好，可打腊上光，耐久性好，是一种高级油漆，主要用于高级木器家具的涂刷。

磁漆是在清漆的基础上加入无机颜料制成，具有漆膜坚硬平滑，色泽丰富，附着力强，干燥快等特点，主要用于家具及室内外钢材表面涂刷。

（2）建筑涂料

内墙涂料（如803内墙涂料、丙烯酸乳液内墙涂料、过氯乙烯内墙涂料、聚醋酸乙烯乳胶漆），色彩丰富，质感细腻，耐水、耐碱、耐擦洗，透气性良好，VOC有害物质排量合理；外墙涂料（如过氯乙烯外墙涂料、溶剂型丙烯酸酯外墙涂料、聚氨酯外墙涂料），具有较强的耐水性，耐污性、耐气候老化性，VOC有害物质排量合理，但较内墙涂料放宽；地面涂料（如过氯乙烯地面涂料、聚氨酯地面涂料），耐碱性、耐水性、耐磨性、抗冲击力强，附着力强，易于清洗，脚感舒适，安全无毒。既可用于外墙面，又可用于地面的涂料有水性聚氨酯涂料、丙烯酸硅树脂涂料等。

4. 玻璃

玻璃是一种重要的装修材料，除具有透光、透视、隔声、隔热外，还具有较强的艺术装饰作用。特种玻璃，如吸热玻璃、防辐射玻璃、防爆玻璃、中空玻璃分别在吸热、防爆、防辐射、保温方面具有特殊功能；安全玻璃，如钢化玻璃、夹层玻璃、夹丝玻璃等。

（1）普通平板玻璃

普通平板玻璃是建筑玻璃中使用量最大的一种。按生产工艺不同分为普通平板玻璃和浮法玻璃。普通平板玻璃是将石英砂、纯碱等原料熔化的玻璃液垂直向上引拉或平拉后快冷、成型、淬火处理而成，具有良好的光学性能；浮法玻璃是将熔化的玻璃流入金属液面上，自由摊平，逐渐降温退火而成，是目前比较先进的生产方法，具有表面平整、厚度公差小、无波筋等特点，光学性能比普通平板玻璃好。普通平板玻璃厚度有2、3、4、5、6mm，应用最广的是2mm和3mm；浮法玻璃厚度有3、4、5、6、8、10、12mm。普通平板玻璃具有良好的透光性能，较高的化学稳定性和耐久性，主要用作一般工业与民用建筑的门窗玻璃，也可作为原片加工成其他玻璃制品。

（2）中空玻璃

中空玻璃是由大小形状相同的两片或多片平板玻璃间隔开形成空腔，中间填充干燥空气（干燥剂干燥）或惰性气体而成。平板玻璃原片可以采用浮法玻璃、吸热玻璃、夹层玻璃、热反射玻璃等；充气层厚度一般在6~12mm，四周密封；原片与边框（玻璃条、橡胶条、铝方管）可以采用焊接、胶结、熔接密封。中空玻璃具有较好的隔热、隔声、保温性能，既透明又不易结霜等特点，主要用于严寒地区对保温、隔热、隔声有较高要求的建筑门窗等。但长期应用的实践证明，中空玻璃的密封性一旦遭到破坏，玻璃原片内表面会积聚较多空气灰尘，不便清理，严重降低了玻璃的透明性，所以还要慎重选择使用中空玻璃。

(3) 热反射玻璃

热反射玻璃又称镜面玻璃，是采用一定的方法在平板玻璃表面镀或涂铝、铬、镍、铁等金属或金属氧化物薄膜层，或以金属离子置换原有离子形成热反射膜。普通平板玻璃能透过约85%的辐射能，而热反射玻璃能反射约60%～70%的辐射能，这对夏季通过空调系统来调节室内温度的建筑，无疑能降低制冷系统的负荷而节约能耗。其颜色有蓝色、灰色、茶色，厚度有3、5、6、8、10mm，主要用于有隔热要求的建筑门窗，大面积热反射玻璃用做建筑的幕墙玻璃。

(4) 夹层玻璃

夹层玻璃是由两层以上玻璃原片与透明树脂片经热压粘合而成。夹层玻璃有平面和曲面之分，层数有3、5、7层，最多可达9层；玻璃厚度2、3、5、6、8mm。夹层玻璃中间层的有机树脂片具有良好的吸收紫外线能力、抗拉强度和伸长率，抗冲击性好，即使玻璃破坏也不会造成碎片飞散。主要适用于有特殊安全要求的建筑物门窗、隔断、幕墙、观光电梯等。

(5) 夹丝玻璃

夹丝玻璃是将预热的金属丝网压入已软化的平板玻璃中制得。这种玻璃一旦破碎，碎片附着在金属网上，也不易脱落，使用中比较安全。与平板玻璃相比，耐冲击性、耐热性、防火性能好，主要用于公共建筑中需要采光且对安全性有较高要求的门窗玻璃，如各种采光屋顶、防火门窗等。

(6) 钢化玻璃

钢化玻璃是将普通平板玻璃、浮法玻璃、吸热玻璃或压花玻璃等加热，淬火处理（物理钢化）或化学钢化处理而成，具有较强的抗折强度、抗冲击性、热稳定性，而基本物理性质（如密度、导热系数等）和光学性质不发生变化，破坏时碎片无棱角，可减少对人体伤害，主要用作高层建筑门窗、无框玻璃门、隔断、商场橱窗玻璃等。

2.5.2 墙面装修的作用与分类

1. 作用

(1) 保护作用

防止自然不利因素的影响与侵害，避免外力的机械破坏，延长墙体的使用寿命。

(2) 改善墙体的性能，满足房屋使用功能

提高墙体的保温性能、防止空气渗透，提高墙体的隔声能力，改善室内卫生环境和视觉环境。

(3) 美化和装饰作用

通过材料质感和色彩的合理巧妙运用，产生美感、创造优美和谐的室内环境。

2. 分类

墙体表面的饰面装修因位置不同有外墙面装修和内墙面装修两种类型，因饰面材料和做法不同有抹灰类、贴面类、涂料类，内墙面还有裱糊类。

包括内墙装修外墙装修。室外装修应选择强度高、耐候性好的建筑材料；室内装修应根据房间的功能要求和装修标准来选择材料。按材料和施工方式的不同，常见的墙面装修分为抹灰类、贴面类、涂料类、裱糊类和铺钉类等五大类。

2.5.3 墙面装修构造

1. 抹灰类墙面装修

抹灰类饰面是用各种加色的或不加色的水泥砂浆或石灰砂浆、混合砂浆、石膏砂浆、以及水泥石渣等做成的各种饰面抹灰层，又称粉刷属传统的饰面做法。

抹灰分一般抹灰和装饰抹灰两类。水泥砂浆抹灰、混合砂浆抹灰、石灰砂浆抹灰等属一般抹灰；水刷石、干粘石、斩假石等均属装饰抹灰。

抹灰施工应分层操作，以确保灰层粘结牢固，避免出现裂缝，达到表面平整的要求。抹灰层一般由底层、中层和面层三个层次组成。

底层主要起与基层的粘结及初步找平的作用。当基层为砖石墙时可用水泥砂浆或混合砂浆打底，基层是板条墙时用石灰砂浆做底灰并掺入麻刀或其他纤维。轻质混凝土砌块墙多用混合砂浆或聚合物砂浆。对混凝土或湿度大的房间或有防水、防潮要求的房间，底灰宜用水泥砂浆，底灰厚5~15mm。

中层起进一步找平作用，材料与底层相同，厚度一般为5~10mm。面层起装饰作用，要求表面平整、色彩均匀、无裂缝，可以做成光滑、粗糙等不同质感的表面。

抹灰按质量和主要工序划分为普通抹灰、中级抹灰、高级抹灰三种标准。其中普通抹灰无中层，厚度不超过18mm；中级抹灰有一层中层，厚度不超过20mm；高级抹灰有多个中层，厚度不超过25mm。

在公共活动或有防水防潮要求的房间要做1.5m或1.8m高的墙裙，在内墙与楼地面的交接处应做150mm高的踢脚线，内墙阳角和门窗洞口通常做高2m左右的水泥砂浆护角，以保护墙面装修。

2. 贴面类墙面装修

贴面类装修是指将各种天然石材或人造板、块，通过绑、挂或直接粘贴于基层表面的装修做法，具有耐久性好、装饰性强、易清洗等优点。常用的有花岗石和大理石板等天然石板；水磨石、水刷石、剁斧石板等人造石板；以及面砖、瓷砖、锦砖等陶瓷和玻璃制品。

质地细腻、耐候性差的各种大理石、瓷砖一般适用于室内墙面的装修，而耐候性好的面砖、锦砖、花岗石多用于外墙装修。

天然石板装饰效果好，但加工复杂、价格较贵，多用于高级墙面装修中；人造石板色彩多样，具有天然石板的花纹和质感，且造价低，常见的有水磨石板、仿大理石板等。

常用的施工方法有：

(1) 湿挂石材法

湿挂石材法是在砌墙时预埋镀锌铁钩，在铁钩内立竖筋，间距500～1000mm，然后按面板的规格在竖筋上绑扎横筋，形成$\phi 6$钢筋网。石板上端两边钻有小孔，用铜丝或镀锌钢丝穿孔将其绑扎在横筋上。板与墙身间留30mm间隙，分三层浇灌1:2.5水泥砂浆，每次浇灌高度不宜超过板高的1/3，第三次灌浆后应与板上皮距50mm，以便和上层石板的灌浆结合在一起。

(2) 干挂石材法

干挂石材法是采用角钢、槽钢作为横竖龙骨，间距要考虑石板规格、结构安全稳定性，必要的需进行专项设计。竖龙骨与墙面上预埋铁件焊接，再将横龙骨与竖龙骨通过螺栓连接在一起。石板上端、下端分别在两侧剔有凹槽，借助凹槽通过连接件将石板与横龙骨连接在一起。石板与墙体间缝隙在100mm左右，不需灌浆，所以称干挂法。

(3) 砂浆粘贴法和树脂粘贴法

其他材料，如陶瓷锦砖和面砖，可直接用水泥砂浆粘贴于墙面。

3. 涂料类墙面装修

涂料类墙面装修具有造价低、装饰性好、工期短、工效高、自重轻，以及操作简单、维修方便、更新快等特点，因而得到广泛应用。涂料按成膜物的不同分为无机涂料和有机涂料。

(1) 无机涂料

无机涂料包括普通无机涂料和无机高分子涂料。普通无机涂料如石灰浆、大白浆、可赛银浆等，多用于标准的室内装修。无机高分子涂料有JH80-1型、JH80-2型、JHN84-1型、F832型、HL-82型、HT-1型等。无机高分子涂料耐候性好、装饰效果好、价格较高，多用于外墙面和有耐擦洗要求的内墙面装修。

(2) 有机涂料

有机涂料按其主要成膜物质与稀释剂不同，有溶剂型涂料、水溶性涂料和乳液涂料三类。

溶剂型涂料有传统的油漆涂料、苯乙烯内墙涂料、聚乙烯醇缩丁醛内(外)墙涂料、过氯乙烯内墙涂料等；常见的水溶性涂料有聚乙烯醇水玻璃内墙涂料（106涂料）、聚合物水泥砂浆饰面涂层、改性水玻璃内墙涂料、108内墙涂料、ST-803内墙涂料、JGY-821内墙涂料等；乳液涂料又称乳胶漆，常见的有乙丙乳胶涂料、苯丙乳胶涂料等，多用于内墙装修。

建筑涂料的施涂方法一般分为刷涂、滚涂和喷涂、弹涂。施涂溶剂型涂料和水溶性涂料时，后涂的必须在前一遍涂料干燥后进行，否则会出现质量问题。

在潮湿或有水作业的房间施涂涂料时，应选用耐洗刷性较好的涂料和耐水性能好的腻子材料（如聚醋酸乙烯乳液水泥腻子）。用于外墙上应选择耐候性好的涂料。

4. 裱糊类墙面装修

裱糊类墙面装修是将各种装饰性的墙纸、墙布、丝锦等装饰材料裱糊在墙面上一种装修做法。常用的有 PVC 塑料壁纸、复合壁纸、玻璃纤维墙布等。裱糊类墙体饰面装饰性强、经济、施工方法简捷高效、更新方便，并且在曲面和墙面转折处粘贴时能顺应基层，获得连续的饰面效果。

墙面应采用整幅裱糊，并统一预排对花接缝。不足一幅的应放在较暗和不明显部位。裱糊的顺序为先上后下、先高后低，应使墙纸长边对准基层上弹出的垂直基准线，用刮板或胶辊赶平压实。阴阳转角应垂直，棱角应分明。阴角处墙纸顺光搭接，阳面处不得有接缝，并应包角压实。

5. 铺钉类墙面装修

铺钉类墙面装修是将各种天然或人造薄板镶钉在墙面上的装修做法，其构造有骨架和面板两部分组成。骨架分木骨架和金属骨架两种，采用木骨架时为防火安全，应在木骨架表面涂刷防火涂料。为防止因墙面受潮而损坏骨架和面板，常在立筋前先在墙面上抹一层 10mm 厚的混合砂浆，并涂刷热沥青两遍，或粘贴油毡一层。

室内墙面一般采用硬木条板、胶合板、纤维板、石膏板及各种吸声板等。硬木条板装修是将各种截面形式的条板密排竖直镶钉在横撑上。胶合板、纤维板等人造薄板可用圆钉或木螺钉直接固定在木骨架上，板间留有 5~8mm 缝隙以保证面板有伸缩的可能，也可用木或金属压条盖缝。石膏板和金属骨架一般用自攻螺钉或电钻钻孔后用镀锌螺钉连接。

复习思考题

1. 墙体类型有哪些？结合实例说明。
2. 墙体块材有哪些？各有什么优缺点？
3. 墙体承重方案有哪几种？各适用于什么情况？
4. 如何采取措施提高建筑外墙保温、隔声能力？
5. 防潮层有哪几种？如何设置？
6. 钢筋混凝土过梁构造怎样？
7. 墙身加固措施有哪些？
8. 圈梁的作用是什么？一般设置在什么位置？
9. 构造柱的作用是什么？如何设置？
10. 墙体变形缝如何处理？
11. 墙面装修材料包括哪几类？

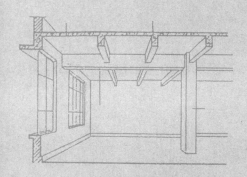

第3章 楼板层与地坪

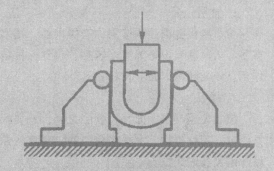

建筑材料与构造

楼板层与地坪是房屋的重要组成部分，是供人们在上面从事各种活动等方面所必需的。

楼板层是房屋楼层间的水平承重、分隔构件，地坪是房屋底层直接承受其水平荷载并通过它传给其下部地基的水平承重和分隔部分。

3.1 概述

3.1.1 楼板层的组成

楼板层主要由楼层地面、楼板、顶棚三部分组成。

1. 楼层地面

位于楼板上面的构造层称楼层地面，楼层地面的表面简称楼层面。楼层面直接与人、家具设备等直接接触，起到保护结构层、承受并传递荷载、装饰等作用。地面通常以面层材料命名。

2. 楼板

楼板位于楼层地面和顶棚层之间，是楼板层的承重部分，由梁、板承重构件组成，简称楼板；承受楼板层的全部荷载并传给墙或柱，故应具有足够的强度、刚度和耐久性。

3. 顶棚

顶棚位于楼板下面，也是室内空间上部的装修层称为顶棚，俗称天花板，起到保护结构层和装饰等作用，构造形式有直接抹灰顶棚和吊顶棚两种。

此外，有时根据对楼板层的具体功能要求还应设置功能层，也可称为附加层，如保温层、隔热层、防水层、防潮、防腐、隔声层等。保温层、隔热层是改善热工性能的构造层；防水层用来防止水渗透的构造层；防潮、防腐是用来保证工作学习和生活所需的环境；隔声层是为了隔绝撞击声而设的构造层。它们位于楼层地面与楼板或楼板与顶棚之间。楼板层的构造组成如图3-1所示。

3.1.2 楼板层的设计要求

为保证楼板层的结构安全和正常使用，楼板层设计应满足下列要求：

①具有足够的强度和刚度　楼板作为承重构件故应具有足够的强度以承受楼面传来的荷载作用，为满足正常使用要求楼板层必须具有足够的刚度，以保证结构在荷载作用下的变形在允许范围之内。

②具有防火、隔声、保温、隔热、防潮、防水等能力　楼板层应与对应等级的建筑和防火要求来设计，以避免和减少火灾引起的危害，为避免噪声影响相邻房间，楼板层必须具有一定的隔声能力，同时为保证正常使用要求，楼板层还应具有足够的保温、隔热、防潮、防水等各方面功能。

③具有经济合理性　由于楼板层占整个建

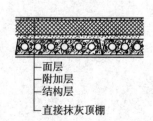
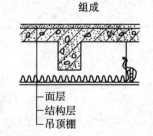

图3-1　楼板层的构造组成

筑造价的比例较高，故应保证楼板层与房屋的等级标准、房间的使用要求相适应，以降低造价。

3.1.3 楼板的类型

按所使用的材料，楼板可分为：木楼板、砖拱楼板、钢筋混凝土楼板和钢衬板组合楼板。

1. 木楼板

木楼板具有构造简单、自重轻、保温性能好等优点，但防火、耐久性差，而且木材消耗量大，故目前应用极少，如图3-2（a）所示。

2. 砖拱楼板

砖拱楼板具有可以节约钢材、水泥、木材的优点，但自重大，结构占用空间大、顶棚不平整、抗震性能差且施工复杂、工期长，目前已基本不用，如图3-2（b）所示。

3. 钢筋混凝土楼板

钢筋混凝土楼板具有强度高、刚度大、耐久性好、防火及可塑性能好、便于工业化施工等特点，是目前采用极为广泛的一种楼板。根据施工方法的不同又可分为现浇整体式、预制装配式、装配整体式三种类型，如图3-2（c）所示。

4. 钢衬板组合楼板

钢衬板组合楼板是利用压型钢板代替钢筋混凝土板中的一部分钢筋同时兼起施工用模板而形成的一种组合楼板，具有强度高、刚度大、施工快等优点，但钢材用量较大，是目前正推广的一种楼板，如图3-2（d）所示。

3.1.4 地坪的组成

地坪是指建筑物底层与土层相交接的水平层，承受地坪层上部的荷载，并通过地坪层均匀地传给其下的土层。一般由面层、垫层、基层三个基本构造层次组成，对有特殊要求的地坪可在面层与垫层之间增设附加层，如图3-3所示。

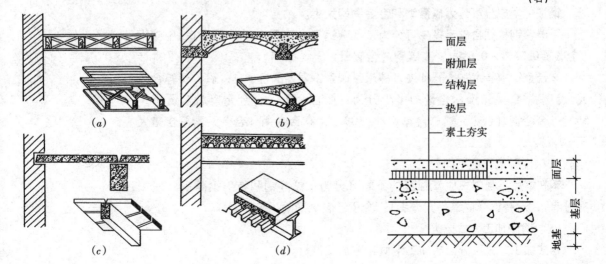

图3-2 楼板的类型（左）
（a）木楼板；（b）砖拱楼板；（c）钢筋混凝土楼板；（d）钢衬板组合楼板

图3-3 地坪构造组成（右）

1. 面层

面层的构造同楼层地面，是地坪层的最上层，直接承受各种物理及化学作用，所以面层应具有耐磨、平整、易清洁、不起尘、防水、吸热系数小等要求。

2. 垫层

垫层起到承上启下作用，即承受面层传来荷载和自重并均匀传给下部的基层，可用混凝土制成刚性垫层，一般采用 C10 厚 60~100mm。有时也可做成柔性垫层，如砂、粉煤灰等。

3. 基层

基层是垫层与土壤层间的找平层或填充层，起到加强地基承受荷载能力，并起找平作用，可就地取材，通常用灰土、三合土等，厚 100~150mm。

4. 附加层

附加层是为满足特殊使用要求而设置的构造层，如防潮层、防水层、保温层、隔声层或管道敷设层等，如卫生间、厨房等特殊房间。

在设计地面时一定要根据房间的使用功能选择有针对性的材料和适宜的构造措施。如应具有足够的坚固性、保温性，能为人提供舒适感觉。另外，对于特殊功能房间还应具有防潮、防水、防火、耐酸碱及化学腐蚀作用等。

3.2 钢与混凝土材料基本知识

3.2.1 钢材基本概念

钢材是指用于钢结构的各种圆钢、角钢、工字钢、钢管等型材、钢板及用于钢筋混凝土中的各种钢筋、钢丝、钢绞线等。由于钢材具有材质均匀，强度高，能承受较大的弹塑性变形等性能，因此钢材在工程结构中被广泛应用。

1. 钢材分类

（1）钢按化学成分分类

钢按化学成分可分为碳素钢和合金钢两大类。

①碳素钢根据含碳量多少可分为：低碳钢（含碳量小于 0.25%）；中碳钢（含碳量 0.25%~0.6%）；高碳钢（含碳量大于 0.6%）。

②合金钢中特意加入一种或多种超过碳素钢限量的锰、硅、矾、钛等合金元素。根据合金元素总含量的多少分为：低合金钢（合金元素总含量小于 5%）；合金钢（合金元素总含量 5%~10%）；高合金钢（合金元素总含量大于 10%）。

（2）按脱氧程度不同分类

钢在熔炼过程中按脱氧程度的不同可分为：镇静钢和特殊镇静钢（脱氧充分者）；沸腾钢（脱氧不充分者）；介于二者之间的半镇静钢。

（3）钢按加工方式分类

钢按加工方式可分为热加工钢材和冷加工钢材。

（4）钢按用途分类

钢按用途可分为钢结构用钢和钢筋混凝土结构用钢两种。

（5）钢按主要质量等级分类

钢按主要质量等级可分为普通钢、优质钢、高级优质钢、特级优质钢。

2. 钢材的性质

钢材的性质主要反映在力学性质、工艺性质和化学性质三个方面，其中力学性质是最主要的性能指标。钢材的力学性质是指抗拉性能、冲击韧性、硬度和耐疲劳性；钢材的工艺性质是指它的冷弯性能和冷加工性能；钢材的化学性质是指它的焊接性能和热处理性能。

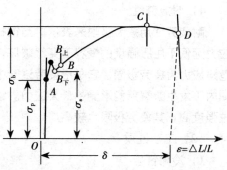

图3-4 低碳钢拉伸试验应力—应变图

（1）力学性质

1）抗拉性能

拉伸是钢材的主要受力形式，其抗拉性能也是表示钢材性能的重要指标。抗拉性能反映在屈服点、抗拉强度和伸长率等指标。这些指标通常采用拉伸试验测定，如图3-4所示。从图中可以看出，低碳钢受拉经历了四个阶段：弹性阶段（$O-A$）、屈服阶段（$A-B$）、强化阶段（$B-C$）、颈缩阶段（$C-D$）。当试件拉力在OA范围内时，如果撤去拉力，试件能恢复原状，应力σ与应变ε的比值为常数，即弹性模量$E=\sigma/\varepsilon$，该阶段被称为弹性阶段。当对试件的拉伸进入塑性变形的屈服阶段AB时，称屈服下限$B_下$所对应的应力σ_s为屈服强度或屈服点。试件在屈服阶段以后，其抵抗塑性变形的能力再重新提高，称为强化阶段，对应于最高点C的应力σ_b称为抗拉强度。

2）冲击韧性

冲击韧性是指钢材抵抗冲击荷载的能力，是通过标准试件的弯曲冲击韧性试验确定的，如图3-5所示。用摆锤冲击试件，将试件冲断时缺口处单位截面积上所消耗的功作为钢材的冲击韧性指标，用a_k表示。a_k值愈大，钢材的冲击韧性愈好。

3）硬度

硬度是指钢材表面抵抗重物压入产生塑性变形的能力，测定硬度的方法通常采用布氏法，其指标为布氏硬度值。

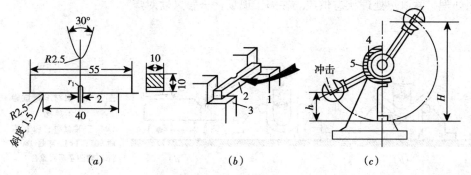

图3-5 弯曲冲击韧性试验示意图
(a) 标准试件尺寸；
(b) 试验装置；
(c) 试验机

4) 耐疲劳性

耐疲劳性用疲劳极限来表示。当钢材在承受交变荷载反复作用时，在最大应力远低于屈服强度的情况下突然破坏，这种破坏称为疲劳破坏。疲劳破坏的危险应力为疲劳极限，它是指疲劳试验中试件在交变应力作用下，在规定的周期内不发生断裂所能承受的最大应力。钢材的疲劳破坏是由拉应力引起的，抗拉强度高，其疲劳极限也较高。

(2) 工艺性质

1) 冷弯性能

冷弯性能是钢材的重要工艺性能，是钢材在常温下承受弯曲变形的能力。冷弯性能指标通过试件被弯曲的角度（90°、180°）及弯心直径与试件厚度（或直径）的比值来表示，如图3-6所示。

2) 冷加工性能

冷加工性能是指钢材在常温下能够进行冷拉、冷拔、冷轧、冷扭、刻痕等加工的性能。钢材经冷加工产生塑性变形，从而提高其屈服强度。在一定范围内，钢材冷加工变形程度越大，其屈服强度提高越多，塑性和韧性降低也越多。在施工现场或预制厂，对于钢筋混凝土构件施工中常利用这一原理，对钢筋或低碳钢盘条按规定进行冷拉或冷拔加工，以提高钢筋的屈服强度，从而达到节约钢材的目的。但是，经过冷拉的钢筋在常温下存放 15~20d，或加热到 100~200℃ 并保持一段时间，即对钢筋进行时效处理，使钢筋的屈服强度和抗拉强度均较时效前有所提高。

(3) 化学性质

1) 焊接性能

在钢结构工程中，钢材主要以焊接的形式应用，而焊接的质量取决于钢材与焊接材料的可焊性及其焊接工艺。影响钢材可焊性的主要因素是化学成分及含量，一般焊接结构用钢应注意选用含碳量较低的氧气转炉或平炉镇静钢，对于高碳钢及合金钢，为了改善焊接性能，焊接时一般要采用焊前预热及焊后热处理等措施。

2) 热处理性能

热处理是将钢材按退火、正火、淬火和回火等规则进行加热、保温和冷却，以获得所需要性能的一种工艺过程。对于土木工程建筑中所用的钢材，一般只在生产厂进行热处理，并以热处理状态供应。在施工现场，一般只需对焊接钢材进行热处理。

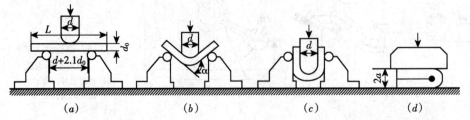

图3-6 钢材冷弯试验示意图
(a) 安装试件；(b) 弯曲90°；(c) 弯曲180°；(d) 弯曲至两面重合

3.2.2 常用建筑钢材的技术要求与应用

常用建筑钢材主要指钢结构用钢和钢筋混凝土结构用钢两大类。

1. 钢结构用钢材

（1）碳素结构钢

碳素结构钢指一般工程用结构钢和热轧板、管、带、型、棒材等，是工程上使用最多的一种钢材。

1）碳素结构钢的牌号

现行国标《碳素结构钢》GB/T 700—2002 规定了碳素钢的牌号表示方法、技术标准等，见表3-1。碳素结构钢的牌号由四部分组成，依次为屈服点字母 Q、屈服点数值、A、B、C、D 四个质量等级和脱氧方法。脱氧方法以 F 为沸腾钢，b 为半镇静钢，Z 为镇静钢，TZ 为特殊镇静钢，用牌号表示时 Z、TZ 可省略。

碳素结构钢牌号　　　　　　　　　表3-1

牌　号	等　级	脱氧方法
Q195	—	F、b、Z
Q215	A	F、b、Z
	B	
Q235	A	F、b、Z
	B	
	C	Z
	D	TZ
Q255	A	F、b、Z
	B	
Q275	—	b、Z

例如：Q255—A·F：表示屈服点为255MPa，A 级沸腾钢。Q235—B·b：表示屈服点为235MPa，B 级半镇静钢。

2）技术要求和应用

现行国际《碳素结构钢》GB/T 700—2002 具体的规定了碳素结构钢的化学成分、力学性质及工艺性质。Q235 号钢具有强度高，塑性、韧性、可焊性好及可加工等综合性能，因此在土木工程一般钢结构中，所有钢构件，主要应用 Q235 号钢。Q235 号钢可轧制各种型钢、钢板、钢管与钢筋。其中 C、D 级可用于重要的焊接结构。Q195 和 Q215 号钢具有强度较低，但塑性、韧性较好，易于冷加工，可用于制作铆钉、钢筋等。Q225 和 Q275 号钢材强度高，但塑性、韧性、可焊性差，可用于钢筋混凝土中及钢结构中的构件及螺栓连接件等。

（2）低合金高强度结构钢

低合金高强度钢是在普通碳素钢的基础上，添加少量的一种或几种如硅、锰、钒、钛、铌、铬、镍等合金元素及稀土元素而制成的。加入合金元素后，能够提高钢材的强度，改善钢材的耐腐蚀性、耐磨性、低温冲击韧性等性能。

1）低合金高强度钢的牌号

国标《低合金高强度结构钢》GB/T 1591—1994规定了低合金高强度钢的牌号。低合金高强度结构钢按力学性能和化学成分为Q295、Q345、Q390、Q420、Q460五个牌号；按硫、磷含量分A、B、C、D、E五个质量等级，其中E级质量最好。钢号依次按屈服点符号、屈服极限值和质量等级排列。如Q295 - A表示屈服极限值为295MPa、质量等级为A的低合金高强度结构钢。

2）技术要求和应用

国标《低合金高强度结构钢》GB/T 1591—1994规定了低合金高强度钢的化学成分与力学性质等技术要求。由于低合金高强度结构钢具有轻质高强，耐蚀性、耐低温性好，抗冲击性强，又具有良好的可焊性及冷加工性，易于加工和施工，使用寿命长等综合性能，因此，低合金高强度结构钢主要用于高层及大跨度建筑的主体结构。

（3）型钢、钢板、钢管

碳素结构钢和低合金钢可以加工成各种型钢、钢板、钢管等构件直接用于土木工程中，构件之间可采用焊接、铆接和螺栓连接等连接方式。

1）型钢

型钢一般以碳素结构钢为原料有热轧型钢和冷轧型钢两种方式。热轧型钢主要有角钢、工字钢、槽钢、T型钢、H型钢、Z型钢等；冷轧型钢主要有角钢、槽钢等开口薄壁型钢及方形、矩形等空心薄壁型钢。热轧型钢主要用于大跨度、承受动荷载的钢结构中；冷轧型钢主要用于轻型钢结构中。型钢可用于制作钢柱、钢梁、钢屋架、钢支撑等构件。

2）钢板

钢板有热轧和冷轧两种方式。热轧钢板有厚板和薄板两种，厚度大于4mm为厚板，厚度小于4mm为薄板。冷轧钢板只有薄板一种，其厚度为0.2～4mm。一般厚板用于焊接结构中；薄板用做屋面及墙体围护结构或其他小型构件中，也可用于钢衬板组合楼板中。

3）钢管

钢管分为无缝钢管与焊接钢管两大类。热轧无缝钢管具有良好的力学性能与工艺性能，主要用于压力管道及特定的钢结构中。焊接钢管采用优质带材焊接而成，表面镀锌为镀锌钢管，按其焊缝形式分为直纹焊管和螺纹焊管。焊管成本低，易加工，但抗压性能较差，一般用于压力小的管道中。

2. 钢筋混凝土结构用钢材

（1）热轧钢筋

热轧钢筋有热轧光圆钢筋和热轧带肋钢筋两种。热轧光圆钢筋由碳素结构钢轧制而成，表面光圆；热轧带肋钢筋由低合金钢轧制而成，外表带肋。

1）牌号

钢筋牌号按国标《钢筋混凝土用热轧光圆钢筋》GB 13013—1991和《钢

筋混凝土用热轧带肋钢筋》GB 1499—1998 规定，热轧钢筋分为 R235，HRB335，HRB400，RRB500 四个牌号。其中 R 代表热轧光圆钢筋，HRB 代表热轧带肋钢筋，牌号中的数字表示热轧钢筋的屈服强度。

2）技术要求和应用

按照 GB 13013—1991 和 GB 1499—1998 规定，热轧光圆钢筋和热轧带肋钢筋的力学性能和工艺性能的要求见表3-2。

热轧钢筋的力学性能和工艺性能 表 3-2

表面形状	钢筋类型（牌号）	公称直径（mm）	屈服点 σ_s（MPa）	抗拉强度 σ_b（MPa）	伸长率 δ_{10}（%）	冷弯	d——弯芯直径 a——钢筋公称直径
			≥				
光圆	HPB235	8~20	235	370	25	180°	$d=a$
带肋	HRB335	6~25 28~50	335	490	16	180°	$d=3a$ $d=4a$
	HRB400	6~25 28~50	400	570	14	180°	$d=4a$ $d=5a$
	RRB500	8~25 28~40	440	600	14	90°	$d=3a$ $d=4a$

HPB235 光圆钢筋的强度较低，但塑性及焊接性较好，便于冷加工，在普通钢筋混凝土构件中大量应用；HRB335、HRB400 带肋钢筋的强度较高，塑性及焊接性也较好，广泛用于大、中型钢筋混凝土结构构件的受力钢筋；RRB500 带肋钢筋强度高，但塑性与焊接性较差，大多用于预应力钢筋混凝土构件中。

（2）冷拉热轧钢筋

工程中为了提高钢筋的强度以节约钢筋，通常按照施工规程对热轧钢筋进行冷拉。冷拉后钢筋的力学性能应符合 GB 50204—2002 的规定，见表3-3。冷拉 I 级钢筋适用于非预应力受拉钢筋，冷拉 II、III、IV 级钢筋强度较高，适用于预应力钢筋混凝土结构的预应力筋。由于冷拉钢筋的塑性、韧性较差，易发生脆断，因此，冷拉钢筋不宜用于负温度、受冲击或重复荷载作用的结构。

冷拉热轧钢筋的性能 表 3-3

钢筋级别	直径（mm）	σ_s（MPa）	σ_b（MPa）	δ（%）	冷弯		
		≥			弯曲角	d——弯芯直径 a——钢筋直径	
冷拉 I 级	≤12	280	370	11	180°	$d=3a$	
冷拉 II 级	≤25	450	510	10	90°	$d=3a$	
	28~40	430	490	10		$d=4a$	
冷拉 III 级	8~40	500	570	8	90°	$d=5a$	
冷拉 VI 级	10~28	700	835	6	90°	$d=5a$	

(3) 冷轧带肋钢筋

冷轧带肋钢筋是用低碳钢热轧圆盘条经冷轧后，在其表面冷轧成三面有肋的钢筋。国标《冷轧带肋钢筋力学性能和工艺性能》GB 13788—2000 规定，冷轧带肋钢筋代号为 CRB，按抗拉强度分为三级：CRB550、CRB650、CRB800、CRB970、CRB1170，其中数值表示钢筋应达到的最小抗拉强度值。冷轧带肋钢筋的力学、工艺性质见表3-4。冷轧带肋钢筋主要用于中、小型预应力钢筋混凝土结构构件和普通钢筋混凝土结构构件中。

冷轧带肋钢筋的力学性能和工艺性能　　　　表3-4

区别代号	抗拉强度 σ_b (MPa) $\geq$	伸长率,%, $\geq$		冷弯180° D-弯心直径 d-钢筋公称直径	应力松弛 $\sigma_{con}=0.7\sigma_b$	
		δ_{10}	δ_{100}		1000h,% $\leq$	10h,% $\leq$
CRB550	550	8	—	$D=3d$	—	—
CRB650	650	—	4	—	8	5
CRB800	800	—	4	—	8	5
CRB970	970	—	4	—	8	5
CRB1170	1170	—	4	—	8	5

(4) 冷轧扭钢筋

冷轧扭钢筋由低碳钢热轧圆盘条经专用钢筋冷轧扭机调直、冷轧并冷扭一次成型，具有规定截面形状和节距的连续螺旋状钢筋。按其截面形状不同分为 A 型（矩形截面）和 Ⅵ型（菱形截面）冷轧扭钢筋可适用于钢筋混凝土构件，见表3-5。冷轧扭钢筋与混凝土的握裹力与其螺距大小有直接关系，螺距越小，握裹力越大，但加工难度越大，因此应选择适宜的螺距。冷轧扭钢筋在拉伸时无明显屈服台阶，为安全起见，其抗拉设计强度采用 $0.8\sigma_b$。

冷轧扭钢筋的性能　　　　表3-5

抗拉强度 σ_b Pa	伸长率 δ_{10} %	冷弯180° （弯心直径=3d）
≥ 580	≥ 4.5	受弯曲部位表面不得产生裂纹

(5) 热处理钢筋

热处理钢筋是用热轧螺纹钢筋经淬火和回火处理而成的，代号为 RB150。按螺纹外形可分为有纵肋和无纵肋两种。根据国标《预应力混凝土用热处理钢筋》GB 4463—1984 的规定，热处理钢筋有 $40Si_2Mn$、$48Si_2Mn$ 和 $45Si_2Cr$ 等三个牌号，其性能要求见表3-6。热处理钢筋目前主要用于预应力混凝土轨枕，用以代替高强度钢丝，配筋根数减少，制作方便，锚固性能好，建立预应力稳定；也用于预应力混凝土板、梁和吊车梁，使用效果良好。

(6) 预应力混凝土用钢丝和钢绞线

预应力钢丝分为冷拉钢丝及消除应力钢丝两种，其外形分为光面钢丝、刻痕钢丝和螺旋钢丝三种。按国标《预应力混凝土用钢丝》GB/T 5223—2002 规定，钢丝的力学性能要求见表3-6。预应力钢丝和钢绞线主要用于大跨度、大负荷的桥梁、电杆、枕轨、屋架、大跨度吊车梁等，安全可靠，节约钢材，且不需冷拉、焊接接头等加工，因此在土木工程中得到广泛应用。

预应力混凝土热处理钢筋的性能　　　　表3-6

公称直径（mm）	牌号	屈服强度 $\sigma_{0.2}$（N/mm²）	抗拉强度 σ_b（N/mm²）	伸长率 δ_{10}（%）
		≥		
6	40Si$_2$Mn	1325	1470	6
8.2	48Si$_2$Mn			
10	45Si$_2$Cr			

3.2.3 混凝土的基本概念

混凝土广义的概念是由胶结料、外掺料或必要时加入的化学掺合剂，经混合、硬化而成的人造石材。目前工程上使用最多的是以水泥为胶结料，砂、石为骨料，加水或掺入适量外加剂等掺合料拌制而成的水泥混凝土，简称普通混凝土。

1. 混凝土的分类方法

混凝土种类繁多，有以下几种分类方法：

（1）按生产和施工方法分类

根据混凝土生产和施工方法的不同，可分为泵送混凝土、喷射混凝土、碾压混凝土、挤压混凝土、压力灌浆混凝土及预拌商品混凝土等。

（2）按用途分类

根据用途不同，可分为结构混凝土、防水混凝土、道路混凝土、水工混凝土、耐热混凝土、耐酸混凝土、防射线混凝土及膨胀混凝土等。

（3）按所用胶凝材料分类

根据所用胶凝材料的不同，可分为水泥混凝土、沥青混凝土、石膏混凝土、水玻璃混凝土、硅酸盐混凝土及聚合物混凝土等。

（4）按抗压强度分类

根据抗压强度的不同，可分为普通混凝土、高强度混凝土、超高强度混凝土等。

2. 常用水泥混凝土的分类

在混凝土中，应用最广、使用量最大的是水泥混凝土，水泥混凝土按其表观密度的大小可分为：

（1）重混凝土

重混凝土是用重晶石、铁矿石、钢屑等特密实骨料和钡水泥、锶水泥等重水泥配制而成的。其表观密度大于2500kg/m³，具有不透 x 射线和 γ 射线的性能，主要用作核能工程的屏蔽结构材料。

（2）普通混凝土

普通混凝土是用天然的砂、石为骨料和水泥配制而成。其表观密度为 $2000 \sim 2500 kg/m^3$，这类混凝土在土木工程中应用最广泛，如建筑结构、水工建筑、道路、桥梁等工程。

（3）轻混凝土

轻混凝土是用陶粒等轻骨料，或不用骨料而掺入引气剂或发泡剂，形成多孔结构的混凝土；或配制成无砂或少砂的大孔混凝土。其表观密度小于 $2000 kg/m^3$，主要用作轻质结构材料和绝热材料。

3. 普通混凝土的组成材料

普通混凝土的基本组成材料是水泥、天然砂、石子和水，为改善混凝土的某些性能还常加入适量的外加剂或外掺料。

在混凝土中砂、石称为骨料，起骨架作用，水泥、砂和水形成水泥砂浆包裹在石子表面并填充石子间的空隙，在混凝土硬化前，水泥浆起润滑作用，使混凝土拌合物具有一定的流动性，可便于施工。在混凝土硬化后，水泥浆又将骨料胶结成一个坚实的整体，并产生一定的强度，提高混凝土的力学性能。

普通混凝土常用的粗骨料有碎石和砾石（即卵石）。碎石是经天然岩石或大卵石破碎、筛分而得的，卵石是由天然岩石经自然风化、水流搬运和分选、堆积形成的，碎石和砾石的岩石颗粒粒径均大于 4.75mm。

4. 混凝土的特点和质量要求

（1）混凝土的特点

在土木工程建筑中混凝土被广泛应用，是因为混凝土与其他材料相比具有许多优点：

①混凝土中砂、石原材料资源丰富，价格低廉，符合就地取材和经济的原则；

②混凝土在凝结前具有良好的可塑性，便于浇筑成各种形状和尺寸的构件或构筑物；

③调整原材料品种及配量，可获得不同性能的混凝土以满足工程上的不同要求；

④混凝土硬化后具有较高的力学性能和良好的耐久性；

⑤混凝土与钢筋之间产生较高的握裹力，能取长补短，使其扩展了应用范围；

⑥可充分利用工业废料作为骨料或外掺料，有利于环境保护。

混凝土的主要缺点：

①自重大、比强度小；

②脆性大、易开裂；

③抗拉强度低，仅为其抗压强度的 $1/20 \sim 1/10$；

④施工周期较长，质量波动较大。

由于混凝土具有上述重要优点，因此它是一种主要的建筑材料，广泛应用于工业与民用建筑工程、给排水工程、水利工程以及地下工程、道路、桥涵及国防建筑等工程中。

（2）混凝土的质量要求

工程上对混凝土的质量要求为：

①混凝土拌合物应具有与施工条件相适应的和易性；

②混凝土硬化后应具有符合设计要求的强度；

③长期使用应具有与工程环境相适应的耐久性。

3.2.4 混凝土的强度

混凝土的强度包括抗压强度、抗拉强度、抗弯强度、抗剪强度及与钢筋的粘结强度等。但混凝土的抗压强度最大，抗拉强度最小。混凝土强度与混凝土的性能有着密切关系，通常混凝土的强度越大，其刚性、不透水性、抗风化及耐蚀性也越高。混凝土结构常以抗压强度为主要参数进行设计，习惯上的混凝土强度泛指它的极限抗压强度。

1. 混凝土的抗压强度与强度等级

根据国标《普通混凝土力学性能试验方法标准》GB/T 50081—2002，制作 150mm×150mm×150mm 标准立方体试件，在标准条件（温度20℃±3℃，相对湿度90%以上）下，养护到28天龄期，所测得的抗压强度值为混凝土立方体抗压强度，以 f_{cu} 表示。

混凝土的强度等级按立方体抗压强度标准值用 $f_{cu,k}$ 表示。混凝土立方体抗压强度标准值系指按标准方法制作和养护的边长为 150mm 的立方体试件，在28天龄期，用标准试验方法测得的抗压强度总体分布中的一个值，强度低于该值的百分率不超过5%。混凝土强度等级采用符号 C 与立方体抗压强度标准值（MPa）表示，共分为12个强度等级，分别表示为 C7.5、C10、C15、C20、C25、C30、C35、C40、C50、C55、C60 等。例如，C30 表示混凝土立方体抗压强度标准值 $f_{cu,k}=30$MPa。工程中根据混凝土构件所承受的荷载大小选用混凝土的强度等级。

2. 混凝土的抗拉强度

混凝土的抗拉强度只有抗压强度的 1/20～1/10，且随着混凝土强度等级的提高其比值有所降低。因此，混凝土在工作时一般不依靠其抗拉强度。但混凝土的抗拉强度对抵抗裂缝的产生起着重要作用，在进行结构计算时，抗拉强度是确定混凝土抗裂度的重要指标，也可用来间接衡量混凝土与钢筋间的粘结强度等。混凝土与钢筋的粘结强度主要来源于混凝土与钢筋之间的摩擦力、钢筋与水泥之间的粘结力与钢筋表面的机械啮合力。

3. 影响混凝土强度的因素

（1）水泥强度等级和水灰比

水泥的强度等级和水灰比是影响混凝土强度最重要的因素。水泥是混凝土中的主要活性成分,在配合比相同的条件下,水泥强度等级越高,水泥石强度及其与骨料之间的粘结强度越大,制成的混凝土的强度也越高。在水泥强度等级相同的条件下,混凝土强度主要取决于水灰比,水灰比增大,混凝土强度降低。因此,在满足施工要求并保证混凝土均匀密实的条件下,水灰比越小,混凝土强度越高。

(2) 骨料

骨料的强度影响混凝土的强度,骨料强度越高所配制的混凝土强度也越高。骨料级配良好,且砂率适当,有利于提高混凝土的强度。如果混凝土骨料中有害杂质较多、质量差、级配不好,会降低混凝土的强度。除此而外,碎石和砾石相比,碎石表面粗糙有棱角,提高了骨料与水泥砂浆之间的机械啮合力和粘结力,所以在坍落度相同的条件下,用碎石拌制的混凝土比用卵石拌制的混凝土强度要高。

(3) 养护温度及湿度

混凝土浇筑成型后,必须在一定时间内保持适当的温度和充足的湿度,使水泥充分水化,混凝土强度不断增长,即混凝土的养护。在保持一定湿度的条件下,养护温度高,水泥水化反应速度加快,混凝土强度的增长也快;反之则慢。当温度降到0℃时,混凝土强度停止发展,并且会因受冻而破坏。同样,在一定温度条件下,周围环境的湿度对水泥的水化作用有一定的影响,湿度适当,水泥水化反应顺利进行,使混凝土强度得到充分发展。如果湿度不够,水泥水化反应不能正常进行,甚至停止水化,使混凝土结构内部疏松,表面形成干缩裂缝,严重降低混凝土强度。

(4) 龄期

龄期是指混凝土在正常养护条件下所经历的时间。在正常养护的条件下,混凝土的强度将随龄期的增长而不断发展,最初3~7天内强度增长较快,以后逐渐变慢,28天达到设计强度,之后强度增长会显著变慢。

(5) 试验条件对混凝土强度测定值的影响

混凝土的强度是通过试验测定的,因此,试件的尺寸、形状、表面状态及加载速度等试验条件不同,会影响混凝土强度的试验结果。

3.2.5 混凝土的性能

混凝土的性能指混凝土的和易性和耐久性。其中和易性是混凝土的主要性能。

1. 混凝土拌合物的和易性

混凝土的和易性是指混凝土拌合物易于搅拌、运输、浇筑、捣实等施工操作,并获得质量均匀、成型密实的性能。和易性是一项综合的技术指标,包括流动性、黏聚性和保水性三个方面的含义。

(1) 流动性

流动性是指混凝土拌合物在本身自重或施工机械振捣作用下,能产生流动,并均匀密实地填满模板的性能。流动性的大小,反映混凝土拌合物的稀稠程度,直接影响混凝土施工的难易程度和混凝土的质量。

(2) 黏聚性

黏聚性是指混凝土各组成材料间具有一定的黏聚力,在运输和浇筑过程中不致产生分层和离析的现象,使混凝土保持整体均匀的性能。

(3) 保水性

保水性是指混凝土拌合物具有一定的保水能力,在施工过程中不产生严重的泌水现象。

混凝土拌合物的流动性、黏聚性和保水性三者之间既互相联系,又互相矛盾:如黏聚性好则保水性往往也好,但流动性偏大时,黏聚性和保水性则往往变差。因此,混凝土和易性就是这三方面性能在某种具体条件下矛盾统一的整体。

(4) 和易性的选择

混凝土的和易性通过坍落度试验确定。根据坍落度值的不同,可将混凝土拌合物分为干硬性混凝土(坍落度值为 0～10mm)、塑性混凝土(坍落度值为 10～90mm)、流动性混凝土(坍落度值为 100～150mm)及大流动性混凝土(坍落度值 >160mm)。

混凝土拌合物坍落度的选择,要根据施工条件、构件截面大小、配筋疏密程度、振捣方法等来确定。一般对于构件截面尺寸较小、钢筋较密或采用人工振捣时,坍落度选择可小些。根据国标《混凝土结构工程施工及验收规范》GB 50524—2002 规定,当采用机械振捣时,混凝土浇筑时的坍落度按表3-7选用。若采用人工捣实时,可适当增大坍落度。当采用泵输送混凝土时,则要求混凝土拌合物具有高流动性,其坍落度通常在 80～180mm。

混凝土浇筑时的坍落度　　　　表3-7

项目	结构种类	坍落度(mm)
1	基础或地面等的垫层、无筋的厚大结构或配筋稀疏的结构	10～30
2	板、梁和大型截面的柱子等	30～50
3	配筋密列的结构(薄壁、筒仓、细柱等)	50～70
4	配筋特密的结构	70～90

2. 混凝土的耐久性

工程上所采用的混凝土除应具有设计要求的足够强度外,还应具有与自然环境及使用条件相适应的耐久性能。混凝土耐久性主要包括抗渗、抗冻、抗腐蚀、抗碳化、抗碱—集料反应及混凝土中的钢筋耐锈蚀等性能。

(1) 混凝土的抗渗性

混凝土的抗渗性是指混凝土抵抗水、油、溶液等有压力液体渗透的能力。它是决定混凝土耐久性的最主要因素,特别是对于地下建筑、水坝、水池等工程，必须要求混凝土具有一定的抗渗性。混凝土的抗渗性用抗渗等级表示，抗渗等级是以28天龄期的标准试件，在标准试验下所能承受的最大静水压力来确定。抗渗等级有S4、S6、S8、S10、S12等五个等级，分别表示能抵抗0.4、0.6、0.8、1.0、1.2MPa的静水压力而不渗透。

(2) 混凝土的抗冻性

混凝土的抗冻性是指混凝土在吸水饱和状态下，能经受多次冻融循环而不破坏，同时其强度也不明显降低的能力。在寒冷地区，特别是接触水又受冻的环境条件下，混凝土要求具有较高的抗冻性。混凝土的抗冻性用抗冻等级来表示。抗冻等级是以28天龄期的混凝土标准试件，在吸水饱和状态下承受反复冻融循环所能承受的最大循环次数来确定。混凝土的抗冻等级有D10、D15、D25、D50、D100、D150、D200、D250和D300等九个等级，分别表示混凝土能承受冻融循环的最大次数不小于10、15、25、50、100、150、200、250和300次。

(3) 混凝土的抗腐蚀性

当混凝土所处环境中含有化学腐蚀性介质时，混凝土便会遭受腐蚀。通常有酸腐蚀与碱腐蚀等。混凝土的抗腐蚀性与所用水泥品种、混凝土的密实程度和孔隙特征等有关，密实和孔隙封闭的混凝土，抗腐蚀性较强。提高混凝土抗腐蚀性的主要措施是合理选择水泥品种、降低水灰比、提高混凝土密实度和改善孔隙结构。

(4) 混凝土的抗碳化及碱—集料反应

混凝土的碳化是指混凝土内水泥中的$Ca(OH)_2$与空气中的CO_2发生化学反应，生成$CaCO_3$和水，也称中性化反应。碱—集料反应是指水泥中的碱与骨料中的活性二氧化硅发生化学反应。

在实际工程中，为减少碳化作用对钢筋混凝土结构的不利影响，可采取以下措施：

①在钢筋混凝土结构中采用适当的保护层，使碳化深度在建筑物设计年限内达不到钢筋表面。

②根据工程所处环境的使用条件合理选择水泥品种。

③使用减水剂，改善混凝土的和易性，提高混凝土的密实度。

④采用水灰比小、单位水泥用量较大的混凝土配合比。

⑤加强施工质量控制，加强养护，保证振捣质量，减少或避免混凝土出现蜂窝等质量问题。

⑥在混凝土表面涂刷保护层，防止CO_2侵入等。

3.2.6 混凝土外加剂

混凝土外加剂是指在混凝土拌和过程中掺入用以改善混凝土性能的物质。掺量一般不超过水泥质量的5%。随着混凝土材料的广泛应用，对混凝土性能提出了许多新的要求，如泵送混凝土要求混凝土应具有较好流动性；冬期施工要求混凝土早期强度高；高层建筑要求混凝土高强、高耐久性。要使混凝土具备这些性能，就必须使用高性能外加剂。因此，外加剂已逐渐成为混凝土中必不可少的第五种组成成分。

根据国标《混凝土外加剂的分类、命名与定义》GB/T 8075—2005 的规定，混凝土外加剂按其主要功能分为改善混凝土拌合物流动性能的外加剂；调节混凝土凝结时间、硬化性能的外加剂；改善混凝土耐久性的外加剂；改善混凝土其他性能的外加剂四种类型。

目前在工程中常用的外加剂主要有减水剂、引气剂、早强剂、缓凝剂、防冻剂等。

减水剂是在混凝土坍落度基本相同的条件下，能显著减少混凝土拌和水量的并具有增强作用的外加剂。目前常用的减水剂有木质系、萘系、树脂系、糖蜜系和腐殖酸减水剂等。我国目前常用的主要有木钙（木质素磺酸钙）NNO 型、MF 型和建 I 型减水剂。

早强剂是指能加速混凝土早期强度提高的外加剂。目前广泛使用的混凝土早强剂有三类，即氯化物（如 $CaCl_2$，NaCl 等）、硫酸盐系（如 Na_2SO_4 等）和三乙醇胺系，但更多的是使用以它们为主材的复合早强剂。

引气剂是指搅拌混凝土过程中能引入大量均匀分布、稳定而封闭的微小气泡的外加剂。引气剂属憎水性表面活性剂，引气剂可用于抗渗混凝土、抗冻混凝土、抗硫酸侵蚀混凝土、泌水严重的混凝土、轻混凝土以及对饰面有要求的混凝土等，常用的引气剂有松香热聚物、松香酸钠、烷基磺酸钠、烷基苯磺酸钠、脂肪醇硫酸钠等。

缓凝剂是指能延缓混凝土凝结时间，并对混凝土后期强度的提高无不利影响的外加剂。缓凝剂主要有糖类、木质素磺酸盐类、羟基羧酸及其盐类等。常用的缓凝剂是木钙和糖蜜。主要适用于大体积混凝土、炎热气候下施工的混凝土，以及需长时间停放或长距离运输的混凝土。缓凝剂不宜用于日最低气温 5℃以下施工的混凝土，也不宜单独用于有早强要求的混凝土及蒸养混凝土。

防冻剂是指在规定温度下，能显著降低混凝土的冰点，使混凝土中水分不冻结或仅部分冻结，保证水泥的水化作用，并在一定的时间内获得预期强度的外加剂。常用的防冻剂有氯盐类和无氯盐类。

氯盐类防冻剂适用于无筋混凝土；氯盐阻锈类防冻剂适用于钢筋混凝土；无氯盐类防冻剂可用于钢筋混凝土工程和预应力钢筋混凝土工程。

速凝剂是指能使混凝土迅速凝结硬化的外加剂。速凝剂主要有无机盐类和有机物类。常用的速凝剂是无机盐类，主要型号有红星一型、711 型、728 型、8604 型等。速凝剂主要用于矿山井巷、铁路隧道、引水涵洞、地下工程。

3.2.7 其他品种混凝土

普通混凝土虽已广泛用于建筑工程，但随着科学技术不断发展及工程的需要，各种新品种混凝土不断涌现。

1. 轻骨料混凝土

按《轻骨料混凝土技术规程》JCJ 51—2001，用轻粗骨料、轻细骨料（或普通砂）、水泥和水配制而成，干表观密度不大于1950kg/m³ 的混凝土称为轻骨料混凝土。轻骨料混凝土按干表观密度（kg/m³）可分为 800、900、1000、1100、1200、1300、1400、1500、1600、1700、1800 及 1900 共 12 个等级。轻骨料混凝土的强度等级按立方体抗压强度标准值划分为：CL5.0、CL7.5、CL10、CL20、CL25、CL30、CL35、CL40、CL45、CL50 等。

2. 防水混凝土

采用水泥、砂、石或掺加少量外加剂、高分子聚合物等材料，通过调整配合比而配制成抗渗压力大于 0.6MPa，并具有一定抗渗能力的刚性防水材料称为防水混凝土，分为普通防水混凝土、外加剂防水混凝土和膨胀水泥防水混凝土三种类型。

普通防水混凝土是以调整配合比的方法来提高自身密实度和抗渗性的一种混凝土，是根据抗渗要求配制的，以尽量减少空隙为根本来调整配合比，使混凝土具有较高的抗渗能力。

外加剂防水混凝土是在混凝土中掺入适当品种和数量的外加剂，隔断或堵塞混凝土中的各种孔隙、裂缝及渗水通路，以达到改善抗渗性能的一种混凝土。

膨胀水泥防水混凝土用膨胀水泥配制的防水混凝土。由于膨胀水泥在水化的过程中，产生体积增大的水化硫铝酸钙，使混凝土的体积膨胀，在有约束的条件下，能改善混凝土的孔结构，减少总孔隙率，从而提高混凝土的抗渗性。

3. 钢纤维混凝土

用适量的、均匀乱向分散的短钢纤维增强并具有可浇灌或喷射的普通混凝土，称为钢纤维混凝土。短钢纤维是指长度为 15～60mm，直径（或等效直径）为 0.3～0.8mm，长径比为 40～100 的低碳钢或不锈钢纤维。每立方米混凝土中掺入的钢纤维为 40～200kg。

钢纤维混凝土可分为无筋钢纤维混凝土、钢筋钢纤维混凝土和预应力钢纤维混凝土。若按施工方法分，可分为浇筑钢纤维混凝土和喷射钢纤维混凝土。

4. 聚合物混凝土

聚合物混凝土是由有机聚合物、无机胶凝材料和骨料拌和而成的一种新型混凝土。聚合物混凝土可分聚合物水泥混凝土、聚合物浸渍混凝土、聚合物胶结混凝土三种。

用聚合物乳液（和水分散体）拌合物，并掺入砂或其他骨料制成的混凝土，称聚合物水泥混凝土。目前主要用于现浇无缝地面、耐腐蚀性地面及修补混凝土路面、机场跑道面层和做防水层等。

聚合物浸渍混凝土是以混凝土为基材（被浸渍的材料），而将聚合物有机单体渗入混凝土中,然后再用加热或放射线照射的方法使其聚合,使混凝土与聚合物形成一个整体。

这种混凝土具有高强度、高防水性,以及抗冻性、抗冲击性、耐蚀性和耐磨性都有显著提高的特点。适用于贮运液体的有筋管、无筋管、坑道等。

聚合物胶结混凝土是以合成树脂为胶结材料的一种聚合物混凝土。常用的合成树脂是环氧树脂、不饱和聚酯树脂等热固性树脂。这种混凝土的优点是具有较高的强度、良好的抗渗性、抗冻性、耐蚀性和耐磨性,并且有很强的粘结力,缺点是硬化时收缩大,耐火性差。这种混凝土适用于机场跑道面层、耐腐蚀的化工结构、混凝土构件的修复、堵缝材料等。

3.3 现浇钢筋混凝土楼板

现浇钢筋混凝土楼板是楼板的部位现场支设模板、绑扎钢筋、浇筑并振捣混凝土经养护等工序而制成的楼板。具有整体性好、抗震性强、防水抗渗性好,并适应各种建筑平面形状的变化,但其存在模板用量多,钢筋易锈蚀,现场湿作业量大,受季节影响等不足,目前施工中采用大规格模板,组织好施工流水作业等方法逐步改善,所以目前被广泛的应用。

现浇钢筋混凝土楼板可分为板式楼板、肋梁楼板、无梁楼板、钢衬板组合楼板。

3.3.1 板式楼板

板式楼板是直接支承在墙上,厚度相同的平板。荷载直接由板传给墙体,不需要另设梁。由于现在广泛采用大规格模板,板底平整,故对于小房间现浇板式楼板采用较多。

3.3.2 肋梁楼板

肋梁楼板适用于开间、进深尺寸大的房间,如果仍然采用板式楼板,必然要加大板的厚度,增加板内配筋致使自重加大,不经济,在此情况下可在适当位置设置肋梁,故称为肋梁楼板,如图3-7所示。具体又可分为单向板、双向板、井式楼板。

1. 单向板

长边与短边跨度之比大于2,由主梁、次梁、板构成。主梁跨度一般为6~9m;截面高度为跨度的1/14~1/13;宽度为梁高的1/3~1/2。次梁的跨度(即主梁间距)一般为4~7m;截面高度为次梁跨

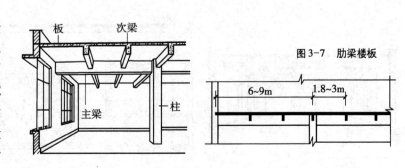

图3-7 肋梁楼板

度的 1/13~1/12；宽度为梁高的 1/3~1/2。板的跨度（即次梁的间距）一般为 1.3~3.0m，板厚不小于其跨度的 1/40，一般取 70~100mm，板内受力钢筋沿短边方向布置（在板的外侧）、沿长边方向布置（在板的内侧），受力与传力方式如图 3-8（a）所示。楼板直接承受荷载并传递给次梁、次梁承受荷载并传给主梁、主梁将荷载传给柱或墙体。

2. 双向板

长边与短边跨度之比小于等于 2，由板、肋梁构成，对于单跨简支板，板厚不小于短边跨度的 1/45，对于连续双向板的板厚不小于短跨的 1/50，板的两个方向均为受力钢筋（短边方向的受力钢筋放在外侧），如图 3-8（b）所示。

3. 井式楼板

适于房间平面形状为方形或接近方形（长边与短边之比小于 1.5）时，两个方向梁正放正交或斜放正交，梁的截面尺寸相同等距离布置而形成方格，如图 3-9 所示。梁跨可达 30m，板跨一般为 3m 左右。井式楼板一般井格外露，产生结构带来的自然美感，房间内不设柱，适于门厅、大厅、会议室、小型礼堂等。

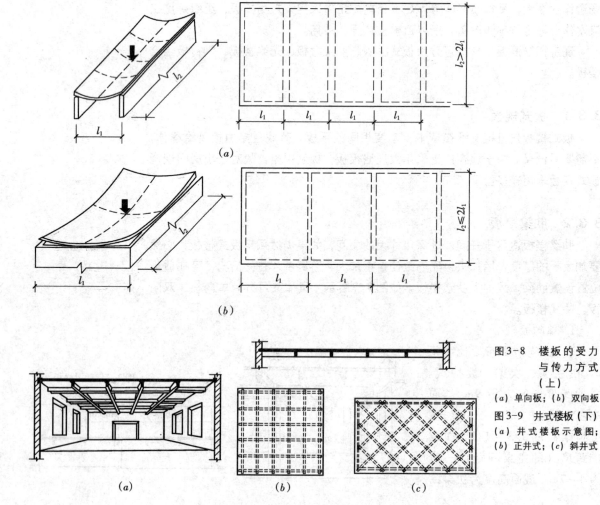

图 3-8 楼板的受力与传力方式（上）
（a）单向板；（b）双向板
图 3-9 井式楼板（下）
（a）井式楼板示意图；
（b）正井式；（c）斜井式

4. 无梁楼板

无梁楼板是将板直接支承在柱和墙上,不设梁的楼板,如图 3-10 所示。一般在柱顶设柱帽以增大柱对板的支承面积和减小板的跨度,柱网一般为间距不大于 6m 的方形网格,板厚不小于 120mm。顶棚平整,楼层净空大、采光、通风好,多用于楼板上活荷载较大的商店、仓库、展览馆等建筑。

5. 钢衬板组合楼板

钢衬板组合楼板是利用压型钢板作衬板,如图 3-11 所示,分单层、双层兼起施工用模板与现浇钢筋混凝土一起支承在钢梁上形成的整体式楼板结构,主要用于大空间的高层民用建筑或大跨度工业建筑。由于压型钢板作为混凝土永久性模板,简化了施工程序,加快了施工进度,压型钢板的肋部空间可用于电力管线的穿设、设悬吊管道、吊顶棚的支托,但造价较高,故目前在我国较少采用。其构造由楼面层、组合板和钢梁三部分组成,构造形式有单层钢衬板组合楼板和双层钢衬板组合楼板两类,钢衬板之间和钢衬板与钢梁之间的连接,一般采用焊接、螺栓连接、铆钉连接等方法。

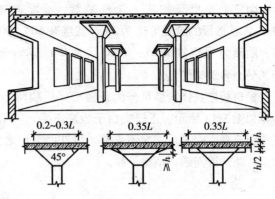
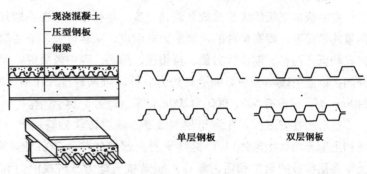

图 3-10 无梁楼板(上)
图 3-11 钢衬板组合楼板(下)

3.4 预制装配式钢筋混凝土楼板

预制钢筋混凝土楼板是指在预制厂或施工现场制作而成并在工地进行安装的楼板。这种楼板可提高工业化施工水平、节约模板、缩短工期,尤其可采用预应力楼板,从而减少构件的变形、裂缝,但整体性较差,故近几年在抗震区的应用范围受到很大限制。

3.4.1 预制钢筋混凝土楼板的种类

1. 实心平板

预制实心平板跨度一般不超过 2.4m,预应力实心平板可达到 2.7m,板厚为跨度的 1/30,一般为 60~100mm,宽度为 600mm 或 900mm。预制实心平板板面平整、制作简单、安装方便,由于跨度较小,通常用于走道板、架空隔板、地沟盖板等,如图 3-12 所示。

图 3-12 实心平板

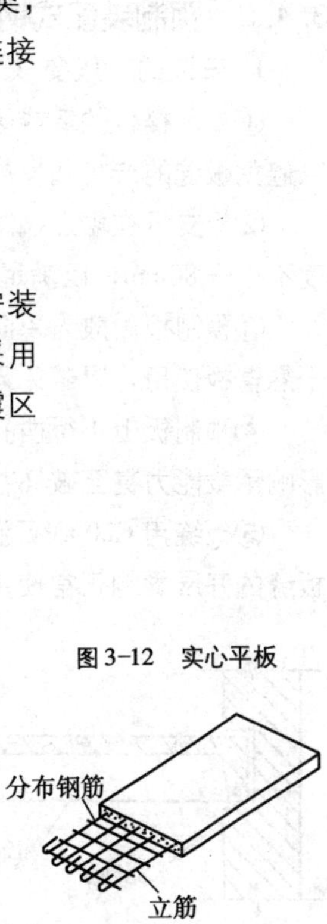

2. 槽形板

在实心平板的两侧或四周设边肋而形成了槽形板,属于梁、板组合构件。由于有小肋承担板上全部荷载，板厚较薄仅为25～40mm，槽形板的跨度可达7.2m，宽度有600、900、1200mm等，肋高为板跨的1/25～1/20通常150～300mm，具有自重轻、受力合理等优点。

槽形板依具体安装可分为正槽板（板肋朝下）和反槽板（板肋朝上）两种，如图3-13所示。正槽板由于板底不平，通常须设吊顶。反槽板受力不如正槽板合理，安装后楼面不平整，可在肋与肋之间填放松散材料，解决隔声、保温、隔热等问题，顶棚平整。

3. 空心板

空心板是把板的内部做成孔洞，与实心平板相比，在不增加钢筋和混凝土用量的前提下，提高构件的承载能力和刚度、减轻自重、节省材料，其孔洞有方孔和圆孔两种，制作较方便、自重轻、隔热、隔声效果好，但板面不能随便开洞，以避免破坏板肋影响承载能力。板厚依其跨度大小有120mm、180mm、240mm等，板宽有600、900、1200mm等，如图3-14所示。

空心板在安装前，孔洞用预制混凝土块或砖块砂浆堵严（安装后要穿导线和上部无墙体板除外），以提高承受上部墙体传来的各种荷载（墙体自重、上部各层楼板的自重和活荷载等）板端抗压能力、传载能力和避免传声、传热、灌浆材料渗入等。

图3-13 槽形板图（上）
图3-14 空心板（下）

3.4.2 预制装配式钢筋混凝土楼板的构造

1. 安装的一般要求

①支承楼板的墙或梁表面平整，其上用厚度为20mm、M5水泥砂浆坐浆，以避免板缝的产生和发展；

②板支承在墙上搁置长度不小于100mm，支承在钢筋混凝土梁上的搁置长度不小于80mm，以满足传递荷载、墙体抗压的要求；

③预制板一般为单向受力构件，不得把板搭在与长边平行的墙，也不能用于悬臂板使用，以避免无筋一侧受拉而破坏，如图3-15所示；

④预制板上不得凿孔，板端不得开口，板端钢筋不得剪断，以免受损严重影响承载能力甚至破坏；

⑤板缝用C20细石混凝土灌实，以加强板与板的连接增强建筑刚度、避免板缝的开展影响正常使用。

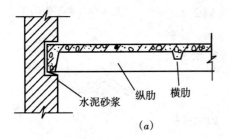
(a)

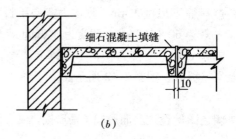
(b)

图3-15 槽形板安装构造

2. 安装节点构造

①板支承在梁上 因梁的断面形状不同有三种情况。当板搁置在矩形梁顶，梁板占空间较大；若将梁的截面形状作成花篮形、T字形时，可把板搁置在梁侧挑出部分，板不占用高度，当层高不变时可以提高梁底标高，增大净空高度，如图 3-16 所示。

②板支承在墙上 用拉结筋将板与墙连接起来。非地震区，拉结筋间距不超过4m，地震区依设防要求而减小，如图 3-17（a）、（b）、（c）、（d）所示。

③板边与外墙平行 板不得深入平行墙内，以免"自由"边受力而破坏，其构造做法如图 3-17（e）、（f）所示。

④板边与内墙平行其构造做法，如图 3-17（g）、（h）所示。

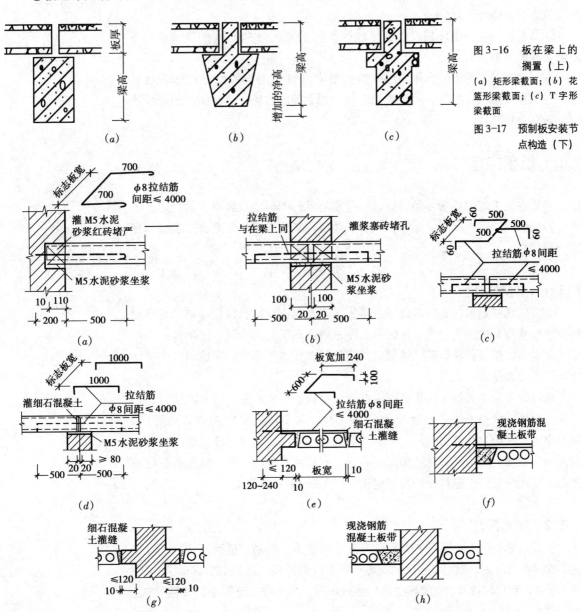

图 3-16 板在梁上的搁置（上）
（a）矩形梁截面；（b）花篮形梁截面；（c）T字形梁截面
图 3-17 预制板安装节点构造（下）

3. 板缝的调整

预制钢筋混凝土板一般均为标准的定型构件，具体布置时数块板的宽度尺寸之和（含板缝）可能与房间的净宽（或净进深）尺寸间出现一个小于一个板宽的空隙。此时可按下列措施解决。

①调整板缝宽度：一般板缝宽为 10mm，必要时可把板缝加大到 20mm，或更宽。但当超过 20mm 时，板缝内应计算配筋，支模板并用 C20 以上的混凝土浇筑板缝。

②挑砖：由平行于板长边的墙砌挑出长度不超过 120mm 与板上下表面平齐的挑砖，以此来调整板缝。由于浪费工时，应用较少。

③交替采用不同宽度的板：通过计算，选择不同规格的板进行组合，来填充宽度大于 300mm 的空隙。

④采用调缝板：制作相应数量（经计算）的宽度为 400mm 的拼缝板，用以调整板的空隙。

⑤现浇板带：将板间大于 20mm 的板缝内（依预制板的配筋）做现浇板带，可调整任意宽度板缝，同时增强了板与板之间的连接，避免在使用阶段产生板缝，应用较多。

3.5 顶棚构造

楼板层的最底部构造即是顶棚，也是室内装修部分。应具有表面光洁、美观、特殊房间还应有隔声、保温、隔热等功能。其构造可分为直接式顶棚和吊式顶棚两种。

3.5.1 直接式顶棚

直接式顶棚是直接在钢筋混凝土楼板下表面喷刷涂料、抹灰或粘贴装修材料的一种构造形式。这种顶棚在建筑上不占净空高度、造价低、效果好，但不适于有管网的顶棚，易剥落、维修周期短的特点，适于住宅、宾馆标准房、学校等简单顶棚的装修。

现在大多采用大规格楼板的现浇混凝土楼板，板底平整，有时顶棚可不另抹灰，模板间混凝土的"缝隙"需打磨平整，可直接喷刷大白或乳胶漆等，不平整时可在板底抹灰后装修。有时为使室内美观，在顶棚与墙面交接处通常做木制、金属、塑料、石膏线脚加以装饰。有特殊要求的房间，可在板底粘贴墙纸、吸声板、泡沫塑料板等装饰材料，如图 3-18（a）所示。

3.5.2 吊式顶棚

吊式顶棚是在屋面板（或楼板）下设吊筋（木、钢筋、型钢）；通过吊筋、主、次龙骨（木制、槽钢、轻质型钢等）所形成的构架，及丰富的装饰面板（竹类、板条、钢丝网抹灰、金属板材等）组成吊顶，是一种广泛采用的顶棚形式。

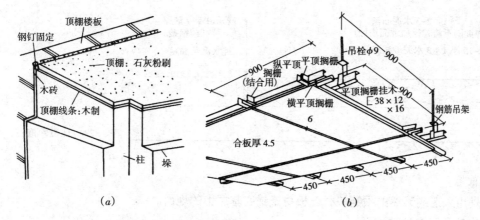

图 3-18 顶棚的构造
(a) 直接式顶棚；(b) 吊式顶棚

具体选材应依据装修标准及防火要求设计而定，其构造如图 3-18 (b) 所示。

3.6 楼层地面和地坪的构造

3.6.1 面层的分类与构造

1. 整体类地面面层

（1）水泥砂浆地面

这种做法是先将基层用清水清洗干净，然后在基层上用 15~20mm 厚 1:3 水泥砂浆打底来找平；再用 5~10mm 厚 1:2 或 1:1.5 水泥砂浆抹面、压光。若基层较平整，也可以在基层上抹素水泥浆一道做结合层，然后直接抹 20mm 厚的 1:2.5 或 1:2 水泥砂浆抹面，待水泥砂浆终凝前进行至少二次压光，如图 3-19 所示。

（2）细石混凝土滚压地面

这种做法是在基层上浇 30~40mm 厚的等级不小于 C20 细石混凝土，待混凝土初凝后用铁滚滚压出浆，待终凝前撒少量干水泥，用铁抹子不少于二次压光，其效果同水泥砂浆地面。

（3）现浇水磨石地面

这种做法是在基层上做 15mm 厚 1:3 水泥砂浆作为结合层兼找平层。为了美观用 1:1 水泥砂浆嵌固 10~15mm 高的玻璃条或铜条，将地面分成方格或各种图案并将按设计配置好 1:1.5~1.25 厚度为 12~15mm 各种颜色（经调制样品选择最后的配合比）的水泥石渣浆注入预设的分格内，略高于分格条 1~2mm，并均匀撒一层石渣，用滚筒压实，待浇水养护完毕后，经过三次打磨（每次要用比前一次细的砂轮片），在最后一次打磨前酸洗、修补，最后打蜡保护，如图 3-20 所示。

图 3-19 水泥砂浆地面

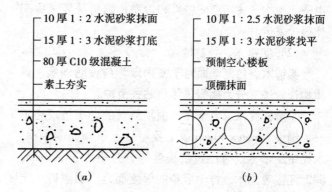

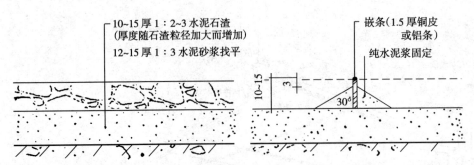

图 3-20　现浇水磨石地面

2. 块材类地面面层

块材地面通常是用人造或天然的预制块材、板材镶铺在基层上的地面。

（1）地面砖、缸砖、陶瓷锦砖地面

此类地面表面质密光洁，耐磨、防水、耐酸碱，一般用于有防水要求房间。其做法是在基层上用 15～20m 厚 1:3 水泥砂浆打底、找平；再用 5mm 厚的 1:1 水泥砂浆（掺适量 108 胶）粘贴地面砖、缸砖、陶瓷锦砖，用橡胶锤锤击，以保证粘结牢固避免空鼓，最后用素水泥擦缝。对于陶瓷锦砖地面还应用清水洗去牛皮纸，用白水泥浆擦缝，这种做法目前已较少采用。

2）花岗石、大理石、预制水磨石地面

由于此类块材自重大，其做法在基层上洒水润湿，刷一层水泥浆，随即铺20～30mm 厚 1:3 干硬性水泥砂浆的结合层，用 5～10mm 厚的 1:1 水泥砂浆铺粘面层石板的背面，均匀铺在结合层上，随即用橡胶锤锤击块材，以保证粘结牢固。板缝应不大于 1mm，水泥浆灌缝，待能上人后擦净，如图 3-21 所示。

3. 木制、竹制地面面层

此类地面是无防水要求房间采用较多的一类地面，具有易清洁、弹性好、导热小、保温好、易与房间其他部位装饰风格融为一体等优点，是目前广泛采用的一种地面做法。

（1）空铺木、竹制地面

空铺木、竹制地面用于室内地坪。做法：先砌一定高度和间距的地垄墙，在地垄墙上铺设一定间隔的木搁栅，将地板条钉在搁栅上，木搁栅与墙间留 30mm 的缝隙，表面平直，木搁栅间加钉剪刀撑或横撑，且可解决通风问题（在墙体适当位置设通风口）。由于此种构造占用空间较大和浪费，除特殊要求房间外很少采用。

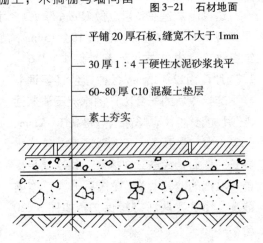

图 3-21　石材地面

（2）实铺木、竹制地面

实铺木、竹制地面对于室内地坪应设防潮层，具体构造做法又分为搁栅式和粘贴式两种。

①搁栅式木、竹地面　由于目前的地板条规格不一，铺设 30mm×40mm 以上找平且上下刨光的木楞，木楞中距依木、竹地板条长度等分且不大于 300mm，同时还应考虑木、竹地板条的厚度而定，面层钉一定

厚度的企口地板条，每块板条钉牢在木搁栅上（从板侧面）。对于高标准的房间地面，在面层与搁栅间加铺一层斜向毛木板。若采用半成品木地板条，应打磨光洁，平整后喷、刷漆面，如图 3-22（a）所示。

②粘贴式木地面　目前多用大规格的复合地板，要求基层平整，其做法在基层上铺一层人造橡胶泡沫垫，其上铺钉复合地板。此类地板具有耐磨、防水、防火、耐腐蚀等特点。

4. 卷材类地面面层

将卷材直铺在平整的基层上，如塑料地毯（俗称地板革）、橡胶地毯、化纤地毯、纯羊毛地毯、麻纤维地毯等，可满铺、局部铺，可干铺、粘贴等。有时为了改善水泥地面、混凝土地面局部开裂、起尘、不美观的不足，还可在其上涂刷各色涂料，但目前采用较少。

楼板层与地坪的细部构造如图 3-22（b）所示。

（1）楼板层的防水与排水

对于有水的房间如厨房、卫生间等，为了便于排出室内积水，楼面应有 1%～1.5% 的坡度，并坡向地漏，同时为防止室内积水外溢，楼地面标高应比其他房间或走廊低 20～30mm，或设相同高度的门槛。此房间楼板应采用现浇楼板并设一道防水层，一般采用卷材防水、防水砂浆或防水涂料等，并将防水层沿房间四周墙边向上深入 150mm，同屋面泛水构造做法，如图 3-23 所示。

给排水管道穿过楼板处的防渗漏有两种方法。对于冷水管道，可在管道穿过楼板处用 C20 干硬性细石混凝土填实，再用防水涂料或防水砂浆做密封处理；

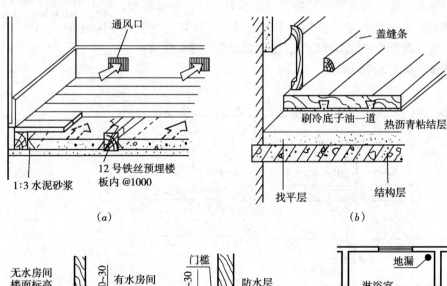

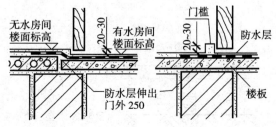

图 3-22　实铺式木、竹地面（上）
（a）铺钉式；（b）粘贴式
图 3-23　楼板层的防水与排水（下）

对于热水管道穿过楼板处，考虑热胀冷缩的变化影响，在管道与楼板相交处安装直径稍大的套管，并高出楼地面 30mm 以上，套管与管道间缝隙内填塞弹性防水材料，如沥青麻丝上嵌防水油膏，如图 3-24 所示。

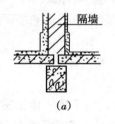
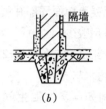
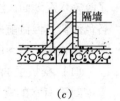

（2）楼板与隔墙

隔墙若设置在楼板上时，一定要使隔墙沿板的受力方向布置以保证安全适用。尽量选轻质材料隔墙以减小楼板受力，且尽量避免由一块板承受隔墙。可以在隔墙对应板下设梁，如图 3-25（a）所示；隔墙设在槽形板的纵肋上，如图 3-25（b）所示；隔墙设在板缝间的暗梁上，如图 3-25（c）所示。

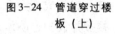

图 3-24 管道穿过楼板（上）

图 3-25 隔墙在楼板上的搁置（下）
(a) 隔墙对应板下设梁；(b) 隔墙设在槽形板的纵肋上；(c) 隔墙设在板缝间的暗梁上

（3）变形缝处地面的细部构造

楼地面变形缝的位置与墙体变形缝一致，应贯通楼板层和地坪的各层，地坪混凝土垫层的变形缝的位置与墙体变形缝一致。对采用沥青类材料的整体楼地面和铺在砂、沥青胶体结合层上的板块楼地面，可只在楼板层、顶棚层或混凝土垫层中设变形缝。

变形缝内一般采用沥青麻丝，金属调节片等弹性材料做填缝或封缝处理，上铺活动盖板或橡皮条等，以防止灰尘、杂物下落，地面处也可用沥青胶嵌缝。顶棚处应用木板、金属调节片等做盖缝处理，盖缝板应保证缝两侧结构构件能自由变形，其构造做法如图 3-26 所示。

（4）踢脚线

地面与墙面交接处，为防止人为因素的碰撞或污损墙面，通常设踢脚线

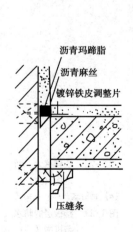
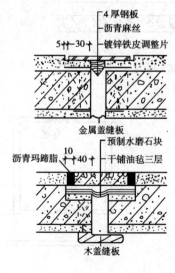
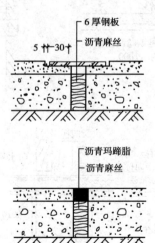

图 3-26 楼、地面变形缝构造

(亦称踢脚板)。高度 120～150mm，一般同地面面层材料，如水泥砂浆可与墙面相平，其他材料如缸砖、预制水磨石板、木板等可凸出墙面 10～15mm，如图 3-27 所示。

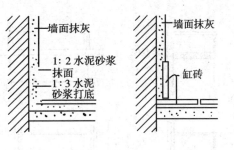

图 3-27 踢脚线构造

3.7 阳台与雨篷

3.7.1 阳台

阳台是楼房各层与房间相连的室外平台，为人们提供的室外活动空间，可起到纳凉、观景、晒衣、储存物品、养花、装饰建筑立面等作用。

1. 阳台的类型

阳台按其与外墙的相对位置分为挑阳台、凹阳台、半凹半挑阳台；按其在建筑物平面位置可分为中间阳台和转角阳台；按其使用功能可分为生活性阳台和服务性阳台，如与居室等相连供人们纳凉、观景的阳台为生活性阳台。如用于储物、晒衣等阳台为服务性阳台，如图 3-28 所示。依围护构件的设置情况分为半封闭和全封闭阳台，半封闭阳台设栏杆只起安全保护、装饰作用，在北方冬季有时考虑温度较低常设栏板和窗形成封闭式的围护结构。

2. 阳台的结构布置

（1）墙承式

将阳台板（可预制或现浇）支承在墙上，板的跨度通常与相连房间开间一致、结构简单、施工方便、多用于凹阳台；如图 3-29（a）所示。

（2）挑板式

一般外挑长度以 1～1.5m 为宜，是较为广泛采用的一种结构布置形式。一种可利用预制楼板延伸外挑做阳台板，如图 3-29（b）所示；另一种可将阳台板与过梁、圈梁整浇一起而形成，可利用与过梁、圈梁垂直的现浇托梁伸入房间的横墙内，也可以将相连房间楼板一定宽度或全部现浇作为阳台板的配重平衡构件，托梁长度或房间现浇板宽不得小于阳台悬挑长度的 1.5 倍，如图 3-29（c）所示。

（3）挑梁式

在与阳台相连房间的两道内墙设预制（或现浇）挑梁，在挑梁上铺设预制（或现浇）的阳台板。有时考虑挑梁端部外露，影响美观，可在端部设一道横梁（面梁），如图 3-29（d）所示。

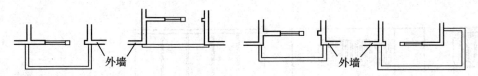

图 3-28 阳台的类型

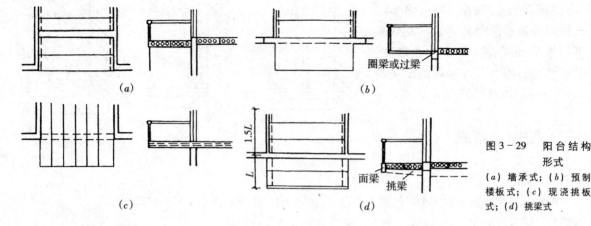

图 3-29 阳台结构形式
(a) 墙承式；(b) 预制楼板式；(c) 现浇挑板式；(d) 挑梁式

3. 阳台的构造

（1）阳台栏板（杆）与扶手

栏杆扶手作为阳台的围护构件，应具有足够的强度和高度。其高度不应低于 1.05m，中、高层住宅阳台栏杆不应低于 1.1m，但也不宜大于 1.2m，应考虑装饰、美观效果。栏杆形式有空花栏杆、实心栏板及二者组合而成的组合式栏杆，如图 3-30 所示。

空花栏杆大多采用金属栏杆并与金属扶手及阳台板上对应的预埋件焊接，扶手为非金属不便直接焊接时，可在扶手内设预埋件与栏杆焊接。在阳台板上部侧端设高出阳台板 60~100mm 的二次浇筑的混凝土挡水板且内设预埋件与栏杆焊接，砖砌栏板可直接砌在面梁或阳台板上，目前已较少采用；预制的钢筋混凝土栏板可在其内设预埋件（或伸出钢筋）与阳台板上的预埋件焊接。北方考虑保温可在内侧加一层 40~50mm 厚的泡沫苯板；有时也可采用三拓板两侧抹水泥砂浆作为阳台栏板，栏板间侧部利用钢筋与板内设预埋件焊接，阳台两端侧部栏板与墙体内设混凝土预制块上的预埋件焊接或预埋（不少于 $2\phi3$）短钢筋焊接。

（2）阳台排水

为避免落入阳台的雨水流入室内，一般阳台标高应低于室内楼、地面 30~60mm，并在面层做 5% 的排水坡，坡向泄水管，泄水管用 $\phi50$ 的镀锌铁管或 PVC 管，外挑不小于 30mm，防止排水溅到下层阳台，如图 3-31（a）所示。对于高层或高标准建筑在阳台板的外墙与端侧栏板相接，内侧设排水立管和地漏将水直接排出，使建筑立面保持美观、洁净，如图 3-31（b）所示。

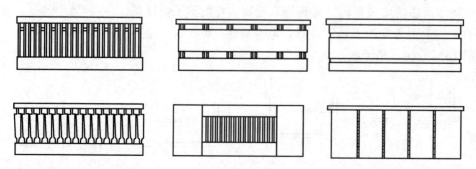

图 3-30 阳台栏杆形式

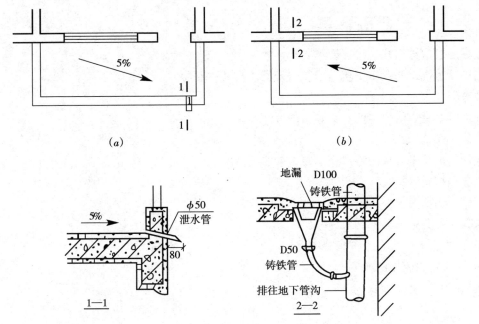

图 3-31 阳台排水构造

3.7.2 雨篷

雨篷是设置在建筑物入口处上方用以遮挡雨水、保护外门免受雨水浸袭并有一定装饰作用的水平构件。雨篷大多为悬挑式，其悬挑长度一般为 1~1.5m。

雨篷有板式和梁板式两种。对于建筑物规模、门洞尺寸较大的雨篷，常在雨篷板下加立柱形成门廊，其结构形式多为梁板式。

1. 板式雨篷

多为变截面主要考虑受力（悬臂构件根部所受内力最大）和排水坡度的形成，一般根部厚度不小于 70mm，板的端部厚度不小于 50mm，如图 3-32（a）所示。

2. 梁板式雨篷

为使板底平整、美观，通常采用翻梁形式。雨篷的顶面应做好防水和排水处理，常采用防水砂浆抹面沿至墙面不小于 250mm 高形成泛水。并沿排水方向做出排水坡，对于翻梁式梁板结构雨篷，根据立面排水需要，沿雨篷外缘做挡水边坎，并在一端或两端设泄水管，其构造同阳台泄水管，如图 3-32（b）所示。

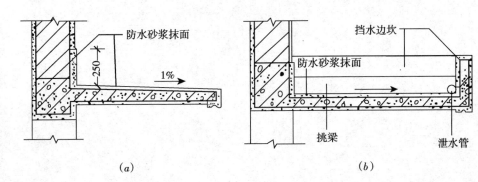

图 3-32 雨篷构造
(a) 板式雨篷；(b) 梁板式雨篷

复习思考题

1. 楼板层和地坪层的构造组成、设计要求有哪些？
2. 楼板分哪几类？现浇钢筋混凝土楼盖的特点及结构形式有哪些？
3. 钢材的分类有哪几种？
4. 混凝土的强度等级是如何确定的？其表示的方法及含义如何？
5. 混凝土的性能有哪些？
6. 预制装配式钢筋混凝土楼板的特点、安装要求有哪些？
7. 调整预制板缝的措施有哪些？
8. 常用楼面、地面、顶棚的构造图的绘制。
9. 地面可分为哪几种类型？
10. 阳台有哪几种类型？结构布置方式有哪些？
11. 常用雨篷的形式及构造做法如何？

建筑材料与构造

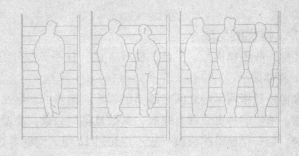

第4章　楼梯与电梯

在多层及高层建筑物中，为解决建筑物的垂直交通和高差，必须设供人们上下楼层的交通设施，如楼梯、电梯、自动扶梯、台阶、坡道等。其中楼梯是建筑物中最常见的垂直交通设施，使用最为广泛，是建筑物的重要组成部分。楼梯在建筑物中一般设在比较明显和容易找到的部位，而且楼梯间应有直接采光，并且应满足紧急情况下安全疏散。电梯主要用于高层建筑或使用要求较高的建筑，自动扶梯适用于人流量大且使用要求较高的公共建筑，如车站、机场、商场等建筑。台阶和坡道主要用于解决室内外高差的处理，坡道用于医院、办公楼、车库等建筑。

4.1 楼梯的组成与类型

4.1.1 楼梯的组成

楼梯一般由楼梯段、平台、栏杆（板）扶手三部分组成，如图4-1所示。

1. 楼梯段

楼梯段是指两平台之间带踏步的斜板。踏步的水平面称为踏面，其宽度为踏步宽。踏步的垂直面称为踢面，其数量称为级数，高度称为踏步高。为了消除疲劳，每一楼梯段的级数一般不应超过18级，同时考虑人们行走的习惯性，楼梯段的级数也不应少于3级。公共建筑中的装饰性弧形楼梯可略超过18级，楼梯段也可称为梯跑。

2. 平台

平台是指两梯段之间的水平连接部分。根据位置的不同分楼层平台和中间平台，楼层平台与走廊连接，中间平台的主要作用是转换楼梯方向和缓解疲劳，故又称为休息平台。

楼梯段与平台围合的空间称为楼梯井。楼梯井的宽度一般为60~200mm，公共建筑楼梯井的宽度以不小于150mm为宜。

3. 栏杆（板）和扶手

为保证人们上下楼梯的安全，在楼梯段临近楼梯井的一侧应设栏杆（板），在栏杆（板）的顶部（或中部）设供人们上下楼时扶持用的扶手。栏杆（板）和扶手均属楼梯的安全防护设施，要求它必须坚固可靠，并具有适宜的安全高度。

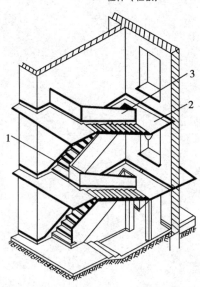

图4-1 楼梯的组成
1—楼梯段；2—中间平台；
3—栏杆（栏板）

4.1.2 楼梯的类型

1. 按所处位置分类

楼梯按所处位置分为室外楼梯和室内楼梯两种。楼梯在建筑物外，附属于建筑物自然层的为室外楼梯；楼梯在建筑物内的为室内楼梯。

2. 按使用性质分类

楼梯按使用性质分为主要楼梯、辅助楼梯、疏散楼梯、消防楼梯。主要楼梯一般设在建筑物内的主要出入口处，是使用频繁的主要垂直交通设施。辅助楼梯是为满足交通疏散和使用的要求而在建筑物内设置的，是相对于主要楼梯而言。疏散楼梯是为在紧急情况下用于安全疏散人流而设置的室内或室外楼梯。

3. 按所用材料分类

楼梯按所用材料分为木楼梯、钢筋混凝土楼梯和钢楼梯。木楼梯在公共使用的楼梯中采用较少，钢筋混凝土楼梯是目前普遍使用的楼梯，根据施工方法不同，钢筋混凝土楼梯又分为现浇钢筋混凝土楼梯和预制装配式钢筋混凝土楼梯。

4. 按层间梯段数量和形式分类

楼梯按层间梯段数量和形式不同，可分为直跑式、多跑式、交叉式、剪刀式、弧形式及螺旋式等多种形式，如图4-2所示。其中直跑式有单跑和两跑之分，双跑式又有平行双跑、曲尺式、双合式和双分式。楼梯的形式很多，应根

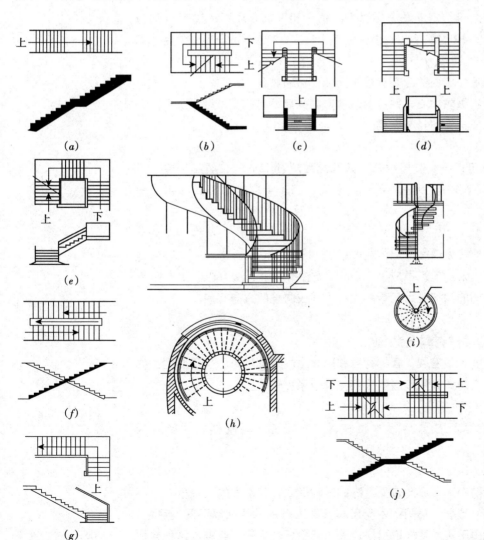

图4-2 楼梯的种类
(a) 直跑式；(b) 双跑式；(c) 双分式；(d) 双合式；(e) 三跑式；(f) 交叉式；(g) 曲尺式；(h) 圆形楼梯；(i) 螺旋式；(j) 剪刀式

据使用要求、在房屋中的位置及楼梯间的平面形状而定。常见的楼梯形式有直跑式、双跑式和多跑式三种,其中平行双跑式楼梯具有占用面积少、使用方便等优点,因此,这种楼梯应用最多。

5. 高层建筑楼梯间

高层建筑楼梯间分类大体有以下三种形式:

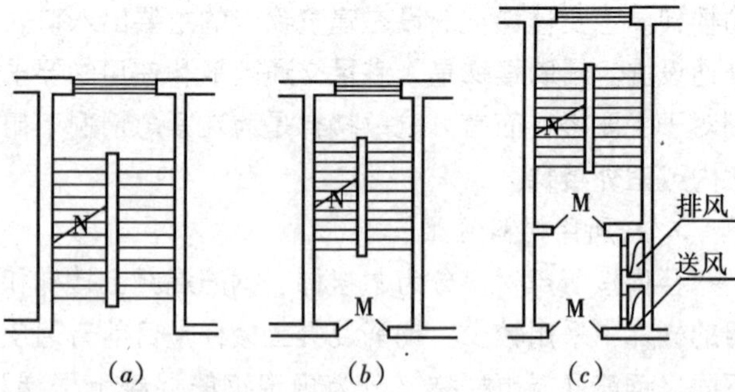

(1) 开敞楼梯间

开敞楼梯间仅适用于4层及4层以下的单元式高层住宅,要求开向楼梯间的户门应为乙级防火门,且楼梯间应靠外墙并应有直接天然采光和自然通风。如图4-3(a)所示。

图 4-3 高层建筑楼梯间的形式
(a) 开敞楼梯间;(b) 封闭楼梯间;(c) 防烟楼梯间

(2) 封闭楼梯间

封闭楼梯间仅适用于24m及1层以下的裙房和建筑高度不超过32m的二类高级建筑以及12~18层的单元式小区住宅,4层及4层以下通廊式住宅。如图4-3(b)所示。其特点为:

①楼梯间应靠近外墙,并应有直接采光和自然通风;
②楼梯间应设乙级防火墙,并应向疏散方向开启;
③底层可以作成扩大的封闭楼梯间。

3) 防烟楼梯间

防烟楼梯间适用于一类高层建筑,建筑高度超过32m的二类高层建筑以及塔式住宅,19层及19层以上的单元式住宅,超过4层的通廊式住宅如图4-3(c)所示。

其特点为:

①楼梯间入口处应设前室、阳台或凹廊;
②前室的面积:公共建筑不应小于$6m^2$,居住不应小于$4.5m^2$;
③前室和楼梯间的门均应为乙级防火门,并应向疏散方向开启。

4.1.3 现代新型楼梯材料与造型

随着现代建筑的迅猛发展,楼梯材料和形式也越来越趋向于采用新型的材料。特别在高级住宅的户内和高级的公共建筑中采用较多。

1. 新型楼梯按材料组成分类

新型楼梯按材料组成分为钢木楼梯、实木楼梯、钢制楼梯、玻璃楼梯等。

(1) 实木楼梯

实木楼梯是目前中国市场比较受青睐的一种形式,其不同的立柱款式、不同的扶手加上不同的造型、不同的木材及其天然固有的木纹配以不同的颜色,使楼梯千变万化。由于实木楼梯取材来自大自然更显其华贵、典雅,这种楼梯主要适用于住宅带有跃层的户内楼梯，如图4-4（a）所示。

（2）钢制楼梯

钢制楼梯是由白钢等金属材料制作的，这种楼梯不但能够满足大型公建项目、机场、购物中心等许多公共场所，同时因其结构的牢固性也适合家庭使用，其不同的造型、不同材质的踏步板（例如可用玻璃、可用大理石、可用木材）可体现雍容华贵，轻巧流畅，是使用比较广泛的一种楼梯。如图4-4（b）所示。

（3）钢木楼梯

钢木楼梯是采用木制品和钢制品的复合楼梯。这种楼梯有的是楼梯扶手和栏杆采用钢制品，而楼梯板为木制品；也有栏杆为钢制品，扶手和楼梯板采用木制品。比起实木制品楼梯来，这种楼梯似乎多了一份活泼情趣。而且有的楼梯栏杆中煅打的花纹选择余地较大，有柱式的，也有各类花纹组成的图案；色彩有仿古的，也有以铜和铁的本色出现的。这类楼梯扶手都是度身定制的，加工复杂，价格较高。铸铁的楼梯相对来说使用少一点。

（4）大理石楼梯

一般若已在地层铺设大理石，为保持室内色彩和材料的统一性，用大理石继续铺设楼梯。但在扶手的选择上大多采用木制品，使冷冰冰的空间内，增加一点暖色材料。

（5）玻璃楼梯

玻璃楼梯材质以不锈钢、玻璃为主体材料，玻璃大都用磨砂的，不全透明，厚度在10mm以上。这类楼梯也用木制品做扶手，整个结构通透明亮，配以时尚具有现代气息的装修风格。

2. 新型楼梯从楼梯的形式分类

楼梯的造型首先要取决于空间，在空间尺度与层高尺寸充裕的情况下，目前楼梯的造型有直形、L形、U形、螺旋形、弧形，如图4-4所示。其中螺旋形楼梯占用空间小，表现力强，适合各种空间；L形、U形属折线形楼梯，其适合的空间不能太小，给人直接流畅的感觉；弧线形楼梯以一个曲线来实现上下梯段的连接，美观大方，行走起来没有直梯拐角那种生硬的感觉，从适合空间角度来讲，仅次于螺旋式楼梯。选择楼梯造型，是由空间的"容量"来决定的。

图4-4 现代新型材料楼梯形式
(a) 折梯；(b) 旋转楼梯；(c) 扇形楼梯

(a)

(b)　　　　(c)

4.2 楼梯的尺度与设计

4.2.1 楼梯平面尺度

1. 楼梯踏步尺寸

楼梯踏步尺寸决定楼梯的坡度，而踏步尺寸的确定又与人行走的步距有关，其宽度要与人行走的步长相适应，一般人行走的步长大约与人的肩宽相似，因此，踏步的宽与高必须有一个恰当的比例关系，才会使人行走时不会感到吃力和疲劳。通常踏步尺寸的确定可用下列经验公式：

$$2h + b = 600 \sim 620 \text{（mm）}$$

或

$$h + b = 450 \text{（mm）}$$

式中 h——踏步高度；
  b——踏步宽度；
600~620mm——人的平均步距。

民用建筑中，踏步尺寸应根据使用要求决定。不同类型的建筑物，其要求也不相同，楼梯踏步尺寸应符合表4-1的规定。

楼梯踏步最小宽度和最大高度表　　　　表4-1

楼梯类别	最小宽度（mm）	最大高度（mm）
住宅公用楼梯	250	180
幼儿园、小学校等楼梯	260	150
电影院、剧场、体育馆、商场、医院、疗养院等楼梯	280	160
其他建筑物楼梯	260	170
专用服务楼梯、住宅户内楼梯	220	200

注：无中柱螺旋楼梯、弧形楼梯离内侧扶手250mm处的踏步宽度不应小于220mm。

当踏步的踏面宽度较小时，可以将踢面作成倾斜或使踏面出挑20~25mm以加作踏口，从而增大踏面的实际宽度，如图4-5所示。

2. 楼梯梯段、平台及梯井的宽度

楼梯梯段宽度应按满足正常情况下人流通行和紧急情况下安全疏散的要求来确定，通常考虑楼梯的使用性质、通行人流股数和防火规范的规定。一般单

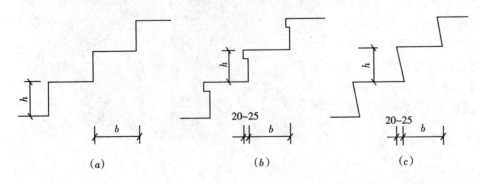

图4-5 楼梯踏步的尺寸
(a) 踏步尺寸；(b) 加宽踏口；(c) 踢面倾斜

股人流宽为 0.5 + (0~0.15)m，其中 0~0.15m 为人流在行进中人体的摆幅，公共建筑人流较多的场所应取上限值。一般供单股人流通行的梯段净宽不应小于 0.85m，双股人流通行的梯段净宽为 1.10~1.20m，三股人流通行的梯段净宽为 1.50~1.65m。

为确保人流和货物能顺利通过楼梯中间平台，其中间平台净宽应不小于楼梯梯段的净宽。楼梯梯段及平台的宽度，如图4-6所示。

楼梯井宽度一般为 80~200mm。

4.2.2 楼梯竖向尺度

1. 楼梯的坡度

楼梯的坡度即楼梯段的坡度，可以采用两种方法表示，一种是用梯段与水平面的夹角表示；另一种是用踏步的高宽比表示。普通楼梯的坡度范围一般在 20°~45°之间，合适的坡度范围一般以 30°左右为宜，最佳坡度为 26°34′。当坡度小于20°时采用坡道；当坡度大于45°时采用爬梯，如图4-7所示。

确定楼梯的坡度应根据房屋的使用性质、行走的方便和节约楼梯间的面积等多方面的因素综合考虑。对于使用的人员情况复杂且使用较频繁的楼梯，其坡度应比较平缓，一般可采用 1∶2 的坡度，反之，坡度可以陡些，一般采用 1∶1.5 左右的坡度。

2. 楼梯的净空高度

楼梯的净空高度是指楼梯平台上部及下部过道处的净空高度和上下两层梯段间的净空高度。为保证人流通行和家具搬运，要求平台处的净高不应小于2m；梯段间的净高不应小于2.2m，如图4-8所示。

当采用平行双跑楼梯且在底层中间平台下设置供人通行的出入口时，为保证中间平台下的净高，可采取以下措施加以解决。

①将底层第一梯段加长，第二梯段缩短，变成长短跑梯段。这种方法只有楼梯间进深较大时采用，但不能把第一梯段加得过长，以免减少中间平台上部的净高。

②将楼梯间地坪标高降低，即室内外高差引入室内。这种方法梯段长度保

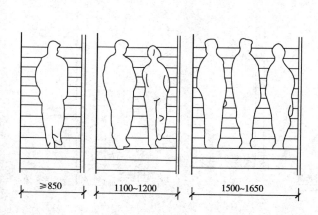
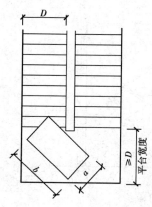

图4-6 楼梯宽度的确定

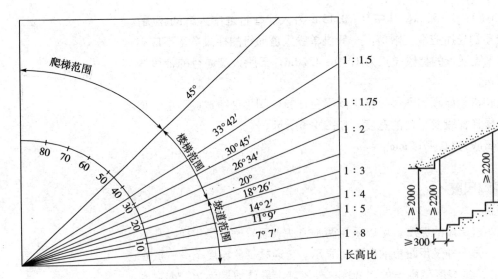

图 4-7 楼梯的坡度（左）

图 4-8 楼梯净空高度（右）

持不变，构造简单，但降低后的楼梯间地坪标高应高于室外地坪标高 100mm 以上，以保证室外雨水不致流入室内。

③将上述两种方法综合采用，可避免前两种方法的缺点。

④底层采用直跑楼梯。这种方法常用于南方地区的住宅建筑。此时应注意入口处雨篷底面标高的位置，保证净空高度在 2m 以上，如图 4-9 所示。

3. 楼梯栏杆（板）扶手的高度

楼梯栏杆（板）扶手的高度是指从踏步面中心到扶手面的垂直高度。它与楼梯的坡度大小有关，一般情况下，栏杆（板）扶手的高度采用 900mm；平台处水平栏杆（板）扶手的高度不小于 1000mm；供儿童使用的楼梯扶手高度常为 600~700mm，如图 4-10 所示。

4.2.3 楼梯的尺度设计

楼梯各部位尺度确定的方法步骤

1. 楼梯平面尺度的确定

根据楼梯间的开间、进深、层高，确定每层楼梯踏步的高和宽、梯段长度

图 4-9 底层中间平台下净空高度
(a) 平台下净高小于 2m
(b) 平台下净高大于 2m

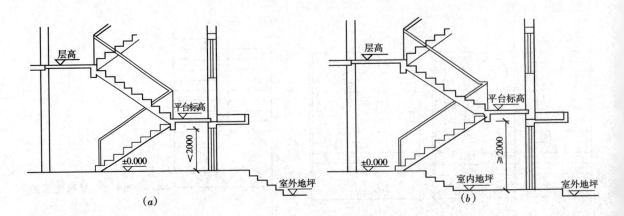

和宽度、以及平台宽度等（注意：双跑楼梯每层踏步级数最好取整数，使两跑踏步数相等）。

①根据建筑物的性质、楼梯的平面位置及楼梯间的尺寸确定楼梯的形式及适度的宽度。初步确定踏步宽 b 和踏步高 h（注意：b 不小于 b_{min}、不大于 h_{max}，b_{min} 和 h_{max} 分别为各类建筑的最小踏步宽和最大踏步高）b、h 的取值可参考表 4-1。

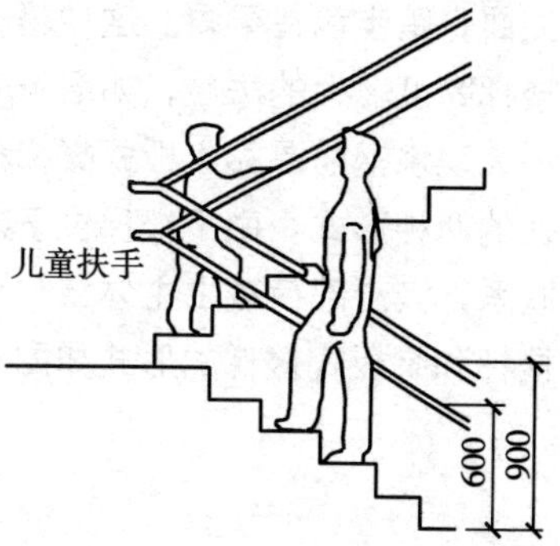

②根据楼梯间开间尺寸确定楼梯宽度 B 和梯井宽度。

③确定踏步级数，调整踏步高 h 和踏步宽 b。根据楼梯的使用性质初选踏步高 h，用层高除以踏步高 h 得踏步级数，踏步级数最好取整数并为偶数。再由踏步宽 b 和踏步高 h 的关系确定踏步宽 b。

④确定楼梯平台的宽度，且确保平台宽度不小于梯段的宽度。

⑤根据踏步宽 b 和每个梯段的级数，确定梯段的水平投影长度。注意：踏面数 = 梯面数 − 1。

图 4-10 楼梯扶手的高度

2. 楼梯竖向尺度的确定

楼梯净空高度应不小于 2m。对于底层平台下有出入口时，若楼梯净空不足 2m，可采取相应措施进行调整。

4.3 现浇钢筋混凝土楼梯

现浇钢筋混凝土楼梯，是在施工现场支模板、绑扎钢筋、浇筑混凝土而形成的整体楼梯，具有整体性好、刚度好、坚固耐久等优点，相反耗用人工、模板较多，施工速度较慢，因而多用于楼梯形式复杂或对抗震要求较高的房屋中。

现浇钢筋混凝土楼梯按传力特点及结构形式的不同，可分为板式楼梯和梁板式楼梯。

1. 板式楼梯

板式楼梯是将楼梯段做成一块板底平整、板面上带有踏步的板，与平台、平台梁现浇在一起。作用在楼梯段上和平台上的荷载同时传给平台梁，再由平台梁传给承重墙或柱上。此外，也可不设平台梁，将梯段板和平台板现浇为一体，楼梯段和平台上的荷载直接传给承重墙或柱上。这种楼梯构造简单、施工方便，但自重大、材料消耗多，适用于荷载较小、楼梯跨度不大的房屋。如图 4-11 所示。

2. 梁板式楼梯

梁板式楼梯是指在板式楼梯的梯段板边缘处设有斜梁的楼梯。作用在楼梯梯段上的荷载通过梯段斜梁传至平台梁，再传到墙或柱上。根据斜梁与梯段位置的不同，分为明步梯段和暗步梯段。明步梯段是将斜梁设在踏步板之下；暗步梯段是将斜梁设在踏步板的

图 4-11 现浇板式楼梯

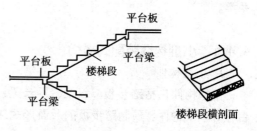

上面，踏步包在梁内。这种楼梯传力线路明确、受力合理，适用于荷载较大、楼梯跨度较大的房屋，如图 4-12 所示。

现浇钢筋混凝土板式楼梯和梁板式楼梯是按自身传力特点及结构的不同存在的两种形式。由于楼梯位于建筑物内或建筑物外，它与建筑物主体结构紧密联系，其全部荷载由主体结构承担。当主体结构为柱承重的框架结构时，板式楼梯和梁板式楼梯的形式如图 4-13 所示。

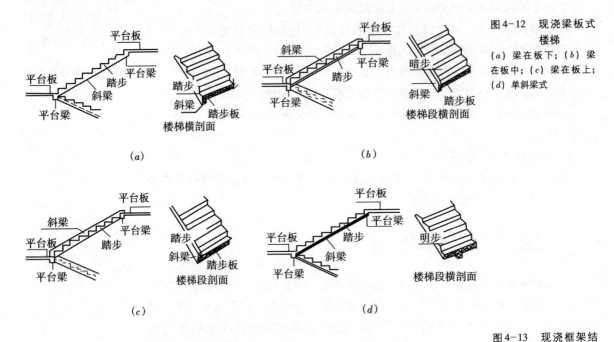

图 4-12 现浇梁板式楼梯
(a) 梁在板下；(b) 梁在板中；(c) 梁在板上；(d) 单斜梁式

图 4-13 现浇框架结构楼梯

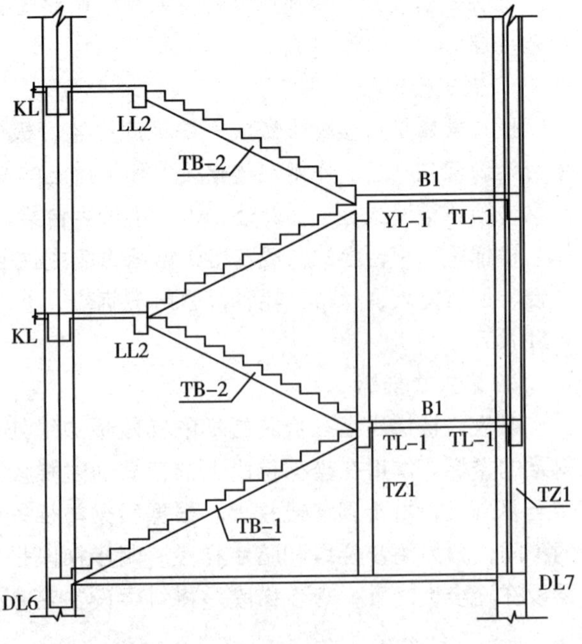

4.4 预制装配式钢筋混凝土楼梯

装配式钢筋混凝土楼梯是将组成楼梯的各个部分分成若干个小构件，在预制厂制作，再到现场组装。此种楼梯具有提高建筑工业化程度、减少现场湿作业、加快施工速度等特点。

装配式钢筋混凝土楼梯按构件尺寸的不同和施工现场吊装能力的不同，可分为小型构件装配式楼梯和中型及大型构件装配式楼梯两类。

4.4.1 小型构件装配式楼梯

1. 小型构件

小型构件包括踏步板、斜梁、平台梁、平台板等单个构件。预制踏步板的断面形式通常有一字形、L形和三角形三种。

梯段斜梁通常做成锯齿形和L形，平台梁的断面形式通常为L形和矩形。

2. 装配式楼梯形式

小型构件装配式楼梯常用的形式有悬挑式、墙承式和梁承式。

(1) 悬挑式楼梯

悬挑式楼梯是将单个踏步板的一端嵌固于楼梯间侧墙中，另一端自由悬空而形成的楼梯段。踏步板的悬挑长度一般在1.2m左右，最大不超过1.8m。踏步板的断面一般采用L形，伸入墙体不小于240mm。伸入墙体的部分截面通常为矩形。这种构造的楼梯不宜在地震区使用，如图4-14所示。

(2) 墙承式楼梯

墙承式楼梯是将一字形或L形踏步板直接搁置于两端墙上，这种楼梯最适宜于直跑式楼梯。当采用平行双跑楼梯时，需在楼梯间中部加设一道墙以支承两侧踏步板，由于楼梯间中部增设墙后，会阻挡行人视线，对搬运物品也不方便。为保证采光并解决行人视线阻挡，通常在加设的墙上开设窗洞。墙承式楼梯构造，如图4-15所示。

(3) 梁承式楼梯

梁承式楼梯的梯段由踏步板和梯段斜梁组成。梯段斜梁通常做成锯齿形和矩形。锯齿形斜梁支承L形踏步板，矩形斜梁支承三角形踏步板，三角形踏步与斜梁之间用水泥砂浆由下而上逐个叠砌，如图4-16所示。

4.4.2 中型及大型构件装配式楼梯

中型构件装配式楼梯是由楼梯段、平台梁、中间平台板几个构件组合而成，大型构件装配式楼梯是将楼梯段与中间平台板一起组成一个构件，从而可以减少预制构件的种类和数量，简化施工过程，减轻劳动强度，加快施工速度，但施工时需用中型及大型吊装设备。大型构件装配式楼梯主要用于装配工业化建筑中。

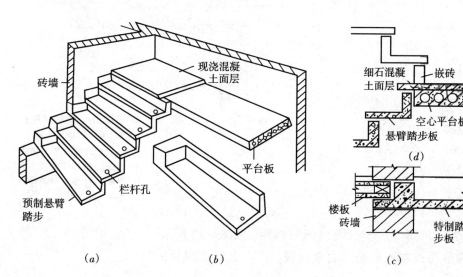

图4-14 预制悬挑踏步楼梯

(a) 踏步板一端嵌固示意图；(b) L形踏步板；(c) 踏步板与平台板连接构造；(d) 踏步板嵌固节点构造

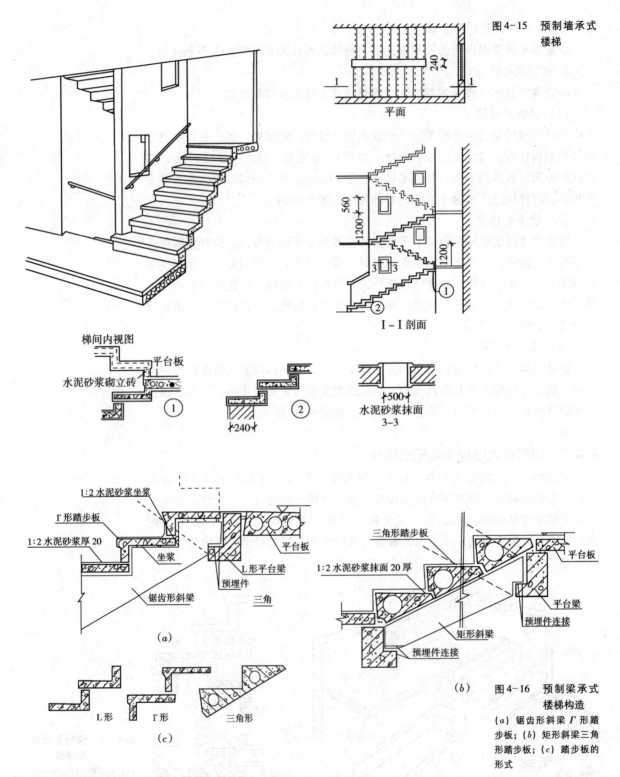

图 4-15 预制墙承式楼梯

图 4-16 预制梁承式楼梯构造
(a) 锯齿形斜梁Γ形踏步板；(b) 矩形斜梁三角形踏步板；(c) 踏步板的形式

1. 楼梯段

楼梯段按其构造形式的不同可分为板式和梁板式两种，如图 4-17 所示。

板式梯段：板式梯段为一整块带踏步的单向板。为了减轻梯段板的自重，一般沿板的横向抽孔，形成空心梯段。

梁板式梯段：梁板式梯段是在预制梯段的两侧设斜梁，梁、板形成一个整体构件。这种结构形式比板式梯段受力合理、可减轻自重。

2. 平台梁及平台板

①平台梁 平台梁是楼梯中的主要承重构件之一。平台梁的形式很多，常见平台梁的断面形式有L形、矩形、花篮形。

②平台板 平台板可采用预制钢筋混凝土空心板、槽形板或平板。采用空心板或槽形板时，一般平行于平台梁布置；采用平板时，一般垂直于平台梁布置，如图4-18所示。

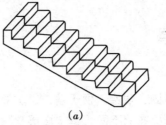
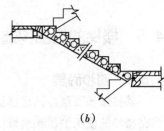
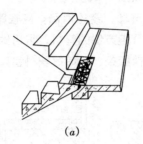
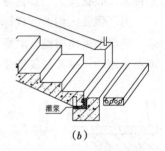

图4-17 预制梁承式楼梯构造（上）
(a) 实心板式梯段；
(b) 空心板式梯段

图4-18 楼梯梯段与平台的连接（下）
(a) 预埋钢板焊接；
(b) 插筋套接

3. 楼梯段与平台梁及楼梯基础的连接

（1）楼梯段与平台梁的连接

楼梯段与平台梁的连接通常采用先坐浆并将楼梯段与平台梁内的预埋钢板焊接，以保证接缝处的密实牢固；也可采用承插式连接，将平台或平台梁上的预埋筋插入梯段的预留孔内，然后再灌浆，如图4-18所示。

（2）楼梯段与楼梯基础的连接

房屋底层第一梯段的下部应设基础，其基础的形式一般为条形基础，可采用砖石砌筑或浇筑混凝土而成，也可采用平台梁代替，如图4-19所示。

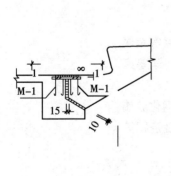

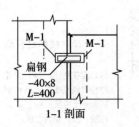

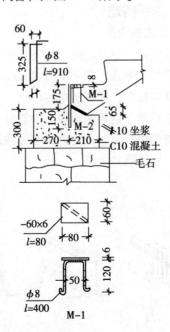

图4-19 楼梯与基础的连接

4.5 楼梯的细部构造

4.5.1 踏步面层

楼梯踏步面层应满足坚固、耐磨、便于清洁、防滑和美观等方面的要求。根据楼梯的使用性质和装修标准的不同，踏步面层常采用水泥砂浆、水磨石、各种人造石材及天然石材等，如图4-20所示。

为了保证人们上下楼行走方便，避免滑倒，应在踏步前缘做2～3条防滑条。防滑条采用粗糙、耐磨且行走方便的材料，常用做法有：做防滑凹槽、抹水泥金刚砂、镶嵌金属条或硬橡胶条、缸砖等块料包口，如图4-21所示。

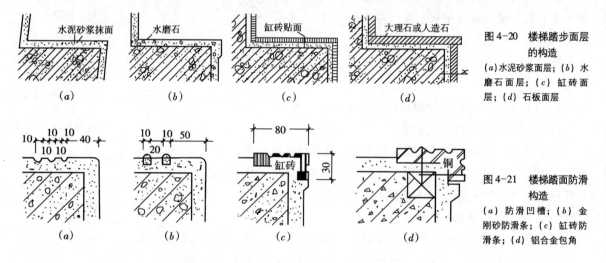

图4-20 楼梯踏步面层的构造
(a)水泥砂浆面层；(b)水磨石面层；(c)缸砖面层；(d)石板面层

图4-21 楼梯踏面防滑构造
(a)防滑凹槽；(b)金刚砂防滑条；(c)缸砖防滑条；(d)铝合金包角

4.5.2 栏杆（板）扶手构造

1. 栏杆（板）的形式与构造

栏杆通常采用空花栏杆。空花栏杆多采用扁钢、圆钢、方钢及钢管等金属型材焊接而成。空花栏杆的间距一般不大于40mm。在住宅、托幼、小学等建筑中不宜做易攀登的横向栏杆，如图4-22所示。

实心栏板：一般采用砖、钢丝网水泥、钢筋混凝土、有机玻璃及钢化玻璃等材料制作。当采用砖砌栏板时，应在适当部位加设拉筋，并在顶部现浇钢筋混凝土把它连成整体，以加强其刚度。

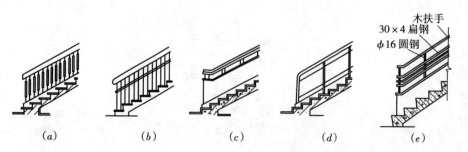

图4-22 楼梯栏杆形式
(a)空花栏杆；(b)空花栏杆带幼儿扶手；(c)钢筋混凝土栏板；(d)玻璃栏板；(e)组合栏板

2. 扶手

楼梯扶手位于栏杆顶面，供人们上下楼梯时扶持之用。扶手一般由硬木、钢管、铝合金管、塑料、水磨石等材料做成，如图4-23所示。

3. 栏杆与扶手及梯段的连接

（1）栏杆与扶手的连接

当采用金属栏杆与金属扶手时，一般采用焊接；当采用金属栏杆，扶手为木材或硬塑料时，一般在栏杆顶部设通长扁铁与扶手底面或侧面用螺钉固定连接，如图4-18所示。

（2）栏杆与梯段及平台的连接

一般是在梯段和平台上预埋钢板焊接或预留孔插接。为了保护栏杆和增加美观，可在栏杆下端增设套环，如图4-24所示。

4. 扶手与墙的连接

扶手与墙应有可靠的连接，当墙体为砖墙时，可在墙上预留洞，将扶手连接件伸入洞内，然后用混凝土嵌固；当墙体为钢筋混凝土时，一般采用预埋钢板焊接。靠墙扶手及顶层栏杆与墙面连接，如图4-25所示。

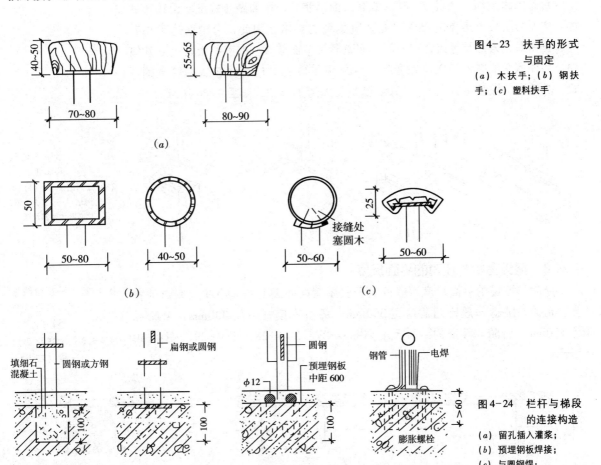

图4-23 扶手的形式与固定
(a) 木扶手；(b) 钢扶手；(c) 塑料扶手

图4-24 栏杆与梯段的连接构造
(a) 留孔插入灌浆；
(b) 预埋钢板焊接；
(c) 与圆钢焊；
(d) 膨胀螺栓锚接

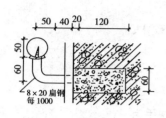 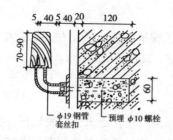 

图 4-25 靠墙扶手的固定

4.6 室外台阶与坡道

房屋底层为了防水防潮等方面的要求，一般室内外地面设有高差。民用房屋室内地面通常高于室外地面 300mm 以上，单层工业厂房室内地面通常高于室外地面 150mm。因此，在房屋出入口处，应设置台阶或坡道，以满足室内外的交通联系方便等要求。

4.6.1 室外台阶与坡道的形式

台阶由踏步和平台组成，其形式有三面踏步式、两面踏步式及单面踏步式等。由于台阶位于房屋的出入口处并有美观的要求，因此，台阶两边常与花池、垂带石、方形石等组合在一起。坡道多为单面坡式，在某些大型公共建筑中，为使汽车能在大门入口处通行，可采用单面台阶与两侧坡道相结合的形式，其坡道的坡度不宜大于 1∶10。台阶与坡道的形式，如图 4-26 所示。

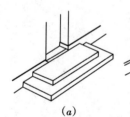 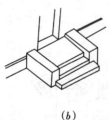 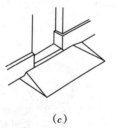 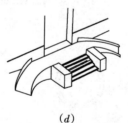

(a) (b) (c) (d)

图 4-26 台阶与坡道的形式
(a) 三面踏步式；(b) 单面踏步式；(c) 单面坡道；(d) 单面踏步两侧坡道

4.6.2 室外台阶与坡道的平面尺度

台阶与坡道的平面尺度一般取决于房屋室内外高差的大小和门洞口的宽度，台阶与坡道一般比门洞口宽 300mm，每阶宽度一般为 300mm，台阶高为 150mm。台阶与坡道的平面尺度如图 4-27、图 4-28、图 4-29、图 4-30 所示。

图 4-27 一步台阶平面尺度（左下）

图 4-28 坡道平面尺度（右下）

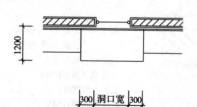 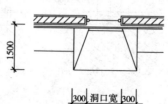 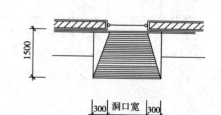

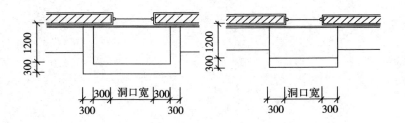
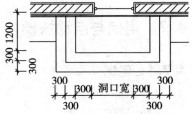

图 4-29 两步台阶平面尺度（左）

图 4-30 三步台阶三面踏步平面尺度（右）

4.6.3 室外台阶与坡道的构造

室外台阶与坡道的构造包括面层、垫层及基层，与地面的构造相似。基层为夯实的土层或灰土，垫层可采用混凝土、石材或砖砌体，在寒冷地区，为了防止室外台阶和坡道受冻害，在基层和混凝土垫层之间设防冻层，通常采用砂或炉渣。面层一般可以与地面面层一致，也可以另外采用。台阶的构造如图4-31所示。坡道的构造一般根据其坡度的大小和使用要求而确定，为了防滑，面层可以做成锯齿形。坡道的构造如图 4-32 所示。

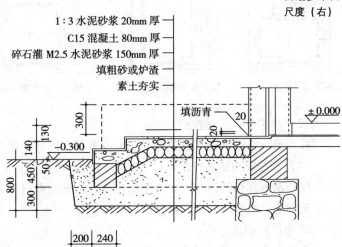

图 4-31 台阶的构造

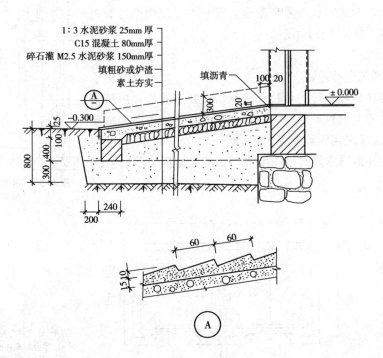

图 4-32 防滑坡道的构造

4.7 电梯与自动扶梯

4.7.1 电梯

1. 电梯的类型

(1) 按使用性质分

按使用性质分有乘客电梯、观光电梯、载货电梯、病床电梯及消防电梯等。

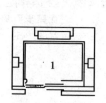
客梯（双扇推拉门）

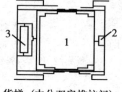
病床梯（双扇推拉门） 货梯（中分双扇推拉门）

小型杂物梯

图 4-33 电梯分类
1—电梯箱；2—导轨及撑架；3—平衡重

(2) 按电梯运行速度分

按电梯运行速度分有低速电梯、中速电梯和高速电梯。

(3) 按控制电梯运行的方式分

按控制电梯运行的方式分有手动电梯、半自动电梯和自动电梯三种。

电梯通常主要以使用性质分类，如图 4-33 所示。

2. 电梯的组成

电梯主要由轿厢、起重设备和平衡重等部分组成，如图 4-33 所示。

为保证电梯的正常运行，建筑设计应紧密配合。要求在建筑物中设有电梯井道、电梯机房和地坑等，如图 4-34 所示。

(1) 电梯井道

1) 电梯井道是电梯轿厢的运行通道

电梯井道内部设有供电梯轿厢运行的导轨和出入口。井道的尺寸应根据所选用的电梯类型确定。井道有可供单部电梯使用和双部电梯使用两种布置形式，如图 4-35 所示。井道多采用钢筋混凝土现浇而成。当总高度不大时，也可采用砖砌井道，但砖砌井道通常沿高度每隔一段距离设置固定导轨的钢筋混凝土圈梁。

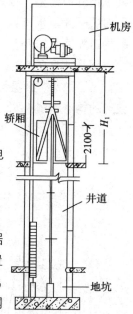

图 4-34 井道和机房剖面

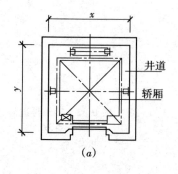
(a)

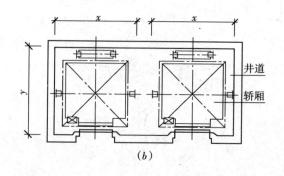
(b)

图 4-35 井道布置形式
(a) 单台电梯井道；
(b) 双台电梯井道

2）电梯井道的细部构造

电梯井道的细部构造包括厅门的门套装修、厅门牛腿处理、导轨撑架与井壁的固定处理等。

厅门门套装修根据建筑装修标准的不同，可选用不同的材料做法，如水泥砂浆抹面、水磨石、大理石、花岗石、金属板材等，如图4-36所示。

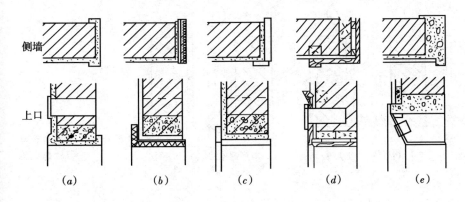

图4-36 电梯厅门套材料及构造
(a) 水泥砂浆；(b) 水磨石；(c) 石材板；(d) 钢板；(e) 混凝土

厅门牛腿位于电梯门洞下缘，即人们进入轿厢的踏板处。牛腿一般为钢筋混凝土现浇或预制构件，挑出长度通常由电梯厂提供的数据确定，如图4-37所示。

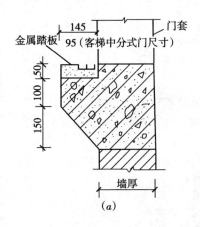
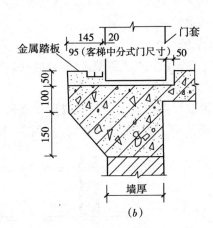

图4-37 电梯厅门牛腿构造

导轨撑架与井道内壁的连接构造，如图4-38所示。

3. 电梯机房

机房要求面积适当，便于设备的布置，有利于维修和操作，并应具有良好的采光和通风条件。电梯机房一般设在电梯井道的顶部，通常作为建筑物的设备层。电梯机房的平面和剖面尺寸及相关配套设备的布置，均根据选用的电梯类型由电梯生产厂家给定。

4. 井道地坑

井道地坑作为轿厢运行至极限位置时起减速、减振作用的缓冲器的安装空间，一般地坑的表面距最底层地面标高的垂直距离不小于1.4m。

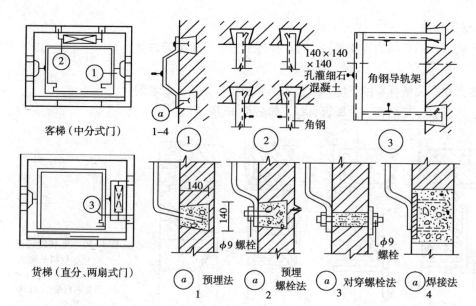

图 4-38 电梯导轨与导轨撑架构造

4.7.2 自动扶梯

自动扶梯适用于大量人流上下的建筑物，如火车站、航空站、大型商业建筑及展览馆等。自动扶梯由电动机械牵动，梯级踏步连同扶手同步运行，机房设在楼板下面。自动扶梯可以正逆方向运行，既可提升又可下降，在机器停止运行时，可作为普通楼梯使用。

1. 自动扶梯的布置形式

根据建筑物中垂直交通设施的设置要求和自动扶梯的平面位置，通常自动扶梯布置的排列形式有如下几种：

①单部自动扶梯串联排列布置 这种布置形式楼层交通乘客流动能够连续，占用面积少，适用于人流较少的公共建筑，如图4-39（a）所示。

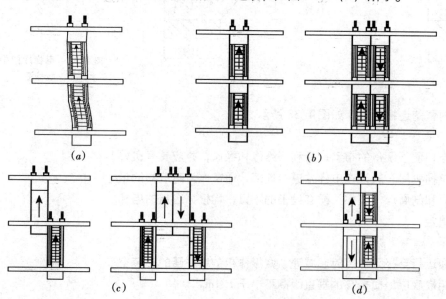

图 4-39 自动扶梯布置形式示意图
(a) 串联排列；(b) 平行排列；(c) 并联排列；(d) 交叉排列

②双部自动扶梯平行排列布置　这种布置形式楼层交通乘客流动不连续，占用面积少，如图4-39（b）所示。

③双部自动扶梯并联排列布置　这种布置形式楼层交通乘客流动能够连续，但占用面积大，适用于人流较多的公共建筑，如图4-39（c）所示。

④双部自动扶梯交叉排列布置　这种布置形式楼层交通乘客流动能够连续，但占用面积大，如图4-39（d）所示。

2. 自动扶梯的构造

自动扶梯的构造如图4-40所示。

复习思考题

1. 楼梯的组成部分有哪些？各组成部分有何要求？
2. 楼梯的坡度为多少？楼梯踏步尺寸如何确定？
3. 楼梯梯段的宽度由哪些因素决定？楼梯的净空高度有何规定？
4. 现浇钢筋混凝土楼梯常见的结构形式有哪些？各有何特点？
5. 小型构件装配式钢筋混凝土楼梯的构件有哪些？常用的结构形式有哪几种？
6. 楼梯踏步面层防滑处理的措施有哪些？
7. 楼梯栏杆与踏步的连接方法如何？
8. 楼梯梯段与楼梯基础的连接构造方法？
9. 室外台阶的构造形式有哪些？

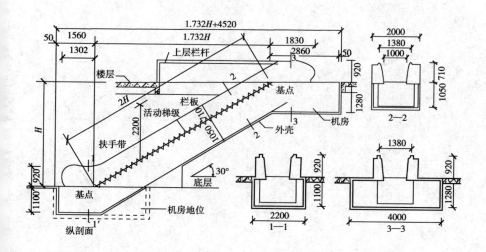

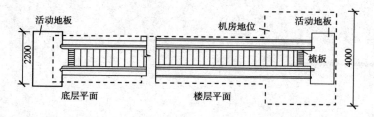

图4-40　自动扶梯的构造

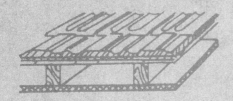

第5章 屋顶

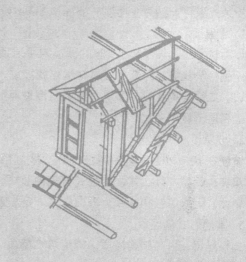

建筑材料与构造

5.1 屋顶的形式及设计要求

5.1.1 屋顶形式

屋顶形式与建筑的使用功能、屋面材料、结构类型以及建筑造型等因素有关。屋顶大致可归纳为平屋顶、坡屋顶和其他形式屋顶，如图 5-1 所示。

1. 平屋顶

屋面较平缓，坡度小于 5% 的屋顶叫平屋顶。平屋顶的坡度有两种方法形成，一是材料找坡，即选用轻质材料作找坡层，有保温层时，可利用屋面保温层找坡。二是结构找坡，即屋面板倾斜搁置而形成坡度，顶棚是倾斜的，屋面板以上各层厚度不变化。

2. 坡屋顶

坡度在 10% 以上的屋顶叫坡屋顶。坡屋顶一般由斜屋面组成，它包括单坡、双坡、四坡、歇山式、折板式等多种形式。坡屋顶的坡度由屋架找出或把顶层墙体、大梁等结构构件上表面做成一定坡度，屋面板依势铺设形成坡度。

3. 其他形式的屋顶

如拱屋顶、薄壳结构屋顶、网架结构屋顶、悬索结构屋顶等。这类屋顶多用于跨度较大的建筑。

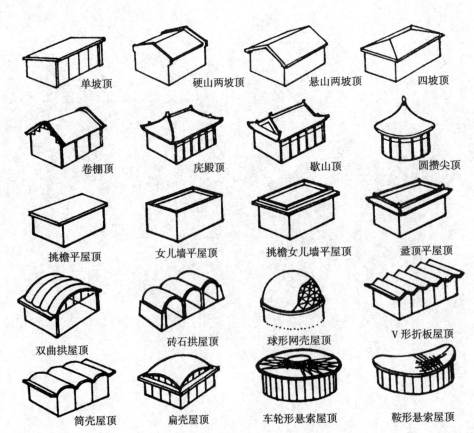

图 5-1 屋顶的形式

5.1.2 屋顶设计要求

1. 屋顶的作用

屋顶是建筑物顶部的覆盖构件，屋顶的作用主要有两点：一是承重作用，即承担作用于屋面的各种恒载和活载；二是围护作用，即防御自然界的风、雨、雪和太阳光的辐射，并且有保温、隔热的作用。

2. 屋顶的设计要求

①承重要求　屋顶除要承受自重外，还应承受风、雨、雪的压力，施工、维修时的荷载。

②保温要求　屋面是建筑物最上部的围护结构，应能防止严寒季节室内热量经屋面向外大量传递。

③防水、排水要求　为了防止雨水渗透，进入室内，影响房屋的正常使用，屋面应设置防水、排水系统。

④美观要求　屋顶是建筑物外观类型的反映。屋顶的形式、所用的材料及颜色均与美观有关。

在上述要求中，防水和排水是非常重要的内容。屋顶的防水和排水性能是否良好，取决于屋面材料和构造处理。防水是指屋面材料应该具有一定的抗渗能力，或采用不透水材料做到不漏水；排水则是使屋面雨水能迅速排除而不积存，以减少渗漏的可能性。

5.2 屋顶的排水

5.2.1 排水坡度

为了排水，屋面应有坡度，而坡度的大小又取决于屋面材料的防水性能。不同屋面材料适宜的坡度范围，如图 5-2 所示。

屋面坡度的表示方法通常有以下几种：

1. 比例法

以屋顶倾斜面的垂直投影长度和水平投影长度的比来表示。如 $h:l=1:2$、$h:l=1:10$ 等，用于平屋顶及坡屋顶。

2. 百分比法

是以屋顶倾斜面的垂直投影长度与其水平投影长度的百分比来表示。如 $i=2\%$、3% 等，主要用于平屋顶，适合于较小的坡度。

3. 角度法

是以倾斜屋面与水平面所成的夹角表示。如 $\alpha=26°$、$30°$ 等，在实际工程中不常用。

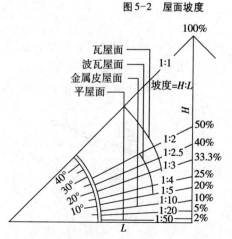

图 5-2　屋面坡度

5.2.2 排水方式

排水方式分为无组织排水和有组织排水两类。

1. 无组织排水

雨水顺着屋面流下，经屋檐直接自由下落称为无组织排水或自由落水。无组织排水的屋檐要挑出外墙面，做成挑檐。这种排水方式的屋面构造简单，造价较低，排水顺畅，但雨水易飘落到墙面上沿墙漫流，使墙面污染。故适用于雨水量较少且屋檐高度不大（年降雨量≤900mm，檐口高度不超过10m及次要建筑）的地区，如图5-3所示。

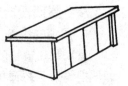

图5-3 无组织排水

2. 有组织排水

当房屋较高或年降雨量较大时，应采用有组织排水，以避免因雨水自由下落对墙面冲刷，影响房屋的耐久性和美观。

有组织排水就是指雨水经屋面分水线有组织地疏导至落水口排至落水管，再经敷设于外墙或室内的落水管排到地面或排入地下管道。

依雨水管的位置不同，有组织排水分外排水和内排水两种方式。

1）外排水

外排水是在屋顶设排水坡把雨水排至挑檐外天沟或女儿墙内天沟，纵向天沟再起坡（5‰左右），把雨水排至各个落水口，雨水沿敷设在外墙表面的雨水管排至地面散水或明沟（暗沟）。雨水管离开墙面20~25mm，沿墙高设间距为1000~1200mm墙卡，并与墙体牢固连接。雨水管可选用26号镀锌铁皮管、PVC塑料管、玻璃钢管、铸铁、石棉水泥等。雨水管直径有50、75、100、125、150mm等，最常用雨水管直径为100mm，如图5-4所示。

2）内排水

内排水是指雨水经屋面坡度的疏导排至天沟，再由天沟内的纵向坡度疏导排至各个落水口，由落水口排至沿建筑墙体内侧或内柱敷设的雨水管，再由地下暗沟排至室外。适合于多跨房屋或高层房屋。有组织内排水屋面如图5-5所示。

3）雨水管的布置

屋面雨水管的布置与屋面集水面积大小、每小时最大降雨量、排水管管径等因素有关。

即

$$F = \frac{438D^2}{H}$$

式中 F——单根雨水管容许集水面积（水平投影面积）见表5-1；

D——雨水管直径（cm）；

H——每小时最大降雨量（mm/h）。

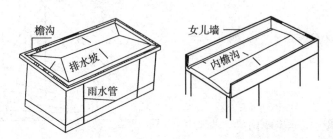

图5-4 有组织外排水

但是，在工程实践中，雨水管间的距离以 10~15m 为宜。当计算间距大于适用间距时，应按适用间距设置雨水管，否则按计算间距设置雨水管。

雨水管最大集水面积（m²）　　　　表 5-1

H (mm/h)	管径（mm）				
	75	100	125	150	200
50	490	880	1370	1970	3500
60	410	730	1140	1640	2920
70	350	630	980	1410	2500
80	310	548	855	1230	2190
90	273	487	760	1094	1940
100	246	438	683	985	1750
110	223	399	621	896	1590
120	205	363	570	820	1460
130	189	336	526	757	1350
140	175	312	488	703	1250
150	164	292	456	656	1170
160	153	273	426	616	1095
170	144	257	401	579	1530
180	136	243	379	547	975
190	129	230	359	518	923
200	123	219	341	492	876

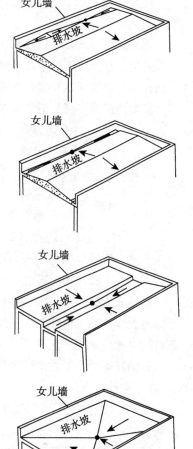

图 5-5　有组织内排水

【例 5-1】某地最大降雨量 $H=120$mm/h，屋面面积为 1300mm²，共设置 4 根直径为 100mm 的雨水管。试算雨水管的数量是否满足要求。

【解】由表 5-1 查得，当降雨量为 120mm/h 时，直径为 100mm 的雨水管的最大集水面积为 363m²。

$$1300 \div 363 \approx 4$$

显然，采用 4 个直径为 100mm 的雨水管能满足排水要求。

5.3　屋面防水构造

5.3.1　防水材料基本知识

建筑工程中防水材料主要用于屋面、地下室、厨厕等部位，除沥青类防水材料外，高聚物改性沥青、合成高分子等柔性防水材料因其优良的性能应用越来越广泛，此外，防水砂浆、防水混凝土等刚性防水材料与柔性防水材料配合在工程中得到较普遍的应用。

1. 防水基料

(1) 沥青

沥青是由一些复杂的高分子碳氢化合物及氧、硫、氮等非金属衍生物组成的混合物。在常温下为液态、半固态或固态，呈黑色至黑褐色，它是一种有机胶结材料，能溶于二硫化碳等有机溶剂中。

沥青按来源不同，分为地沥青和焦油沥青两大类：

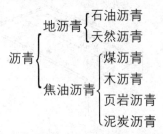

天然沥青是地壳中的石油在各种自然因素作用下经蒸发、氧化和缩聚作用，形成的天然产物。石油经炼制加工得到石油沥青。

焦油沥青是对煤、木材等有机燃料进行干馏得到焦油，再加工而得，如煤干馏得到煤焦油，再加工得到煤沥青。通常所指沥青是石油沥青，石油沥青是沥青的主要品种之一。

石油沥青的主要技术性质如下：

1) 黏性

黏性是指沥青在外力作用下抵抗变形的能力。黏性越高，抗变形能力越强。

固体、半固体黏稠石油沥青的黏性用针入度表示，液体石油沥青的黏性用黏度表示。

针入度测定依据我国现行试验方法 JTJ 052—93 规定，当沥青温度为 25℃ 时，以质量 100g 的标准针，经 5 秒贯入试样的深度（每 0.1mm 为 1 度）。针入度大，说明沥青流动性大，黏性低。针入度是石油沥青很重要的技术指标，是划分牌号的主要依据，如 10 号建筑石油沥青试针贯入深度 10°~25°，即 1~2.5mm，30 号建筑石油沥青试针贯入深度 25°~40°，即 2.5~4.0mm，10 号较 30 号沥青黏性高。

黏度是液体沥青在一定温度（25℃ 或 60℃）时，经规定直径（3.5~10mm）的孔漏下 50ml 所需的秒数。黏度大，说明沥青的稠度大，黏性高。

2) 塑性

塑性是指沥青在外力作用下产生变形，除去外力后变形不消失，这种抵抗变形而不破坏（断、裂）的能力称为塑性。塑性表示沥青产生变形后具有自愈而不破坏的能力。沥青作为性能良好的柔性防水材料，在很大程度上取决于这种性质。沥青塑性一般随温度升高而增大，随温度降低而减少。

沥青的塑性用延伸度或延伸率表示，是指按标准试验方法制成"8"字形标准试件，在一定温度和拉伸速度的延伸仪上，试件能够拉成细丝的长度，以

cm 表示。延伸度越大，沥青的塑性越好。10 号建筑石油沥青的延伸度不小于 1.5cm，30 号建筑石油沥青的延伸度不小于 3cm。

3）温度稳定性

温度稳定性是沥青的黏性和塑性随温度而变化的程度。这种变化程度越大，沥青的温度稳定性越低。温度稳定性低的沥青，在温度降低时，很快变脆、变硬，此时遇外力作用极易产生裂缝而破坏；当温度升高时，成为液体流淌。因此，温度稳定性是评价沥青质量的重要性质。

沥青的温度稳定性常用软化点表示。软化点是指沥青由固体状态转变为具有一定流动性膏体时的温度，可通过环球法试验测定。将沥青试样装入规定尺寸的铜环中，上置规定尺寸和质量的钢球，放在水或甘油中，以每分钟升高 5℃ 的速度加热至钢球下坠规定距离 25.4mm 时的温度（℃），即沥青的软化点。不同的沥青，软化点不同，大致在 25~100℃ 之间。软化点高，说明沥青的耐热性能好，但过高又不宜加工；软化点低的沥青，夏季易产生较大变形。

针入度、延伸度、软化点是评价黏稠石油沥青的三个主要技术指标。

沥青在外界阳光、空气、水、温度等的作用下塑性、黏性随着时间的延长而降低，脆性增加，耐久性能差，耐用时间短，沥青的这种性质称大气稳定性，这种现象称为沥青的老化。沥青大气稳定性较差，易老化，所以需要对沥青进行改性处理。

(2) 改性沥青

改性沥青是指对沥青进行氧化、乳化、催化掺入橡胶、树脂等填料及外加剂，使沥青的性质得到不同程度的改善。

沥青改性剂一般分为橡胶和树脂两大类。橡胶类包括天然橡胶和合成橡胶，合成橡胶如氯丁胶乳（CR）和丁苯胶乳 SBR、块状共聚物 SBS、再生橡胶粉、三元乙丙橡胶（EPDM）、1 氯磺化聚乙烯橡胶（CSPE）。合成树脂有聚乙烯、聚丙烯等。它们能够增强混合料的黏聚力、抗变形能力，减小温度敏感性。随着掺加品种、方法及量的多少不同，沥青的性能也会有差别。目前，应用比较广泛的改性材料主要是 APP 和 SBS。

改性沥青按改性剂的不同分为橡胶改性沥青、树脂改性沥青、再生胶（废橡胶）改性沥青和矿物填充剂改性沥青等。

(3) 合成橡胶、树脂

人工合成橡胶、树脂属高分子聚合物，具有较好的弹性、弹塑性，在常温下受外力作用可产生较大变形，去掉外力，变形随即消失或大幅减少。具有很好的耐低温、耐高温性能。常用的合成橡胶有三元乙丙橡胶、氯丁橡胶、氯磺化聚乙烯橡胶等；常用的合成树脂有聚氯乙烯树脂、氯化聚乙烯树脂等。

2. 常用防水卷材

防水卷材是一种片状、卷装、柔性防水制品。因其具有较大的尺寸，施工操作简便，工效较高，防水效果较好，耐用年限较长。在三级以上屋面防水等级建筑中普遍采用，也可用于地下室墙体防潮防水。防水卷材按基料的成分不同有沥青类防水卷材、改性沥青类防水卷材、合成高分子防水卷材三大类。

（1）沥青类防水卷材

沥青类防水卷材是在基胎上浸涂沥青后，在表面上涂撒隔离材料制成的一种防水材料。依据基胎不同有纸胎油毡、玻璃纤维油毡、玻璃布油毡。依隔离材料不同分粉毡（粉状材料，如滑石粉）和片毡（片状材料，如云母片）。

石油沥青纸胎油毡因其价格低廉，操作简便，在过去很长一段时间作为主要的防水材料。但因其材质防水性能、耐老化性能差，难以达到建筑物防水等级规定的防水年限，目前主要用于防水等级低的新建建筑物及旧建筑物采用沥青油毡防水的局部渗漏补强。

石油沥青纸胎油毡（简称油毡）系用高软化点沥青涂盖油纸两面；而油纸系用低软化点石油沥青浸渍油毡专用原纸而成，油纸无涂盖层。油毡的幅宽分为915mm和1000mm两种规格，每卷的总面积为$20 \pm 0.3m^2$。油毡标号是依据每平方米浸渍沥青的质量克数而定，屋面防水工程宜用350、500号。

（2）改性沥青类防水卷材

沥青改性，主要是改良沥青的低温柔性差、延伸率较低、拉伸强度及耐久性差的弱点，改善各项技术性能指标，提高防水卷材的防水质量。

改性沥青类防水卷材有高聚物改性沥青防水卷材及氧化改性沥青防水卷材。高聚物改性沥青防水卷材，是以高聚物改性沥青为涂盖物，以聚酯毡（PY）、玻纤毡（G）等为胎体，表面覆以聚乙烯膜（PE）、铝箔膜、细纱（S）、粉料或矿物粒料（M）等制成的防水卷材。主要品种有弹性体（SBS）改性沥青防水卷材 GB 18242—2000、塑性体（APP）改性沥青防水卷材 GB 18243—2000、自粘橡胶改性沥青防水卷材 JC 840—1999。氧化改性沥青主要有铝箔面油毡。

1）弹性体 SBS、塑性体 APP 改性沥青防水卷材

弹性体 SBS、塑性体 APP 改性沥青防水卷材卷重、面积及厚度见表 5-2。弹性体 SBS 改性沥青防水卷材物理性能见表 5-3；塑性体 APP 改性沥青防水卷材物理性能见表 5-4。

弹性体 SBS、塑性体 APP 改性沥青防水卷材卷重、面积及厚度 表 5-2

规格（公称厚度）		2mm		3mm			4mm				
上表面材料		PE	S	PE	S	M	PE	S	M	PE	S	M
面积 m²/卷		\multicolumn{2}{c}{15±0.15}		\multicolumn{3}{c}{10±0.10}		\multicolumn{3}{c}{10±0.10}		7.5±0.10
最低卷重 kg/卷		33.0	37.5	32.0	35.0	40.0	42.0	45.0	50.0	31.5	33.0	37.5
厚度 mm	平均值≥	2.0		3.0		3.2	4.0		4.2	4.0		4.2
	最小单值	1.7		2.7		2.9	3.7		3.9	3.7		3.9

弹性体 SBS 改性沥青防水卷材物理性能 GB 18242—2000　　表 5-3

序号	胎基		PY		G	
	型号		I	II	I	II
1	可溶物含量 g/m², ≥	2mm			1300	
		3mm				2100
		4mm				2900
2	不透水性	水压力 MPa	0.3	0.3	0.2	0.3
		保持时间 min, ≥				30
3	耐热度/℃		90	105	90	105
						无滑动、流淌、滴落
4	拉力 N/50mm, ≥	纵向	450	800	350	500
		横向			250	300
5	最大拉力时延伸率%, ≥	纵向	30	40	—	—
		横向				
6	低温柔度/℃		-18	-25	-18	-25
						无裂纹
7	撕裂强度 N, ≥	纵向	250	350	250	350
		横向			170	200
8	人工气候加速老化	外观				1级、无滑动、流淌、滴落
		纵向拉力保持率%, ≥				80
		低温柔度/℃	-10	-20	-10	-20
						无裂纹

注：1. 当需要耐热度中超过130℃卷材时，该指标可由供需双方协商决定；
　　2. 表中1-6项为强制项目；
　　3. I 型表面带薄膜，II 型表面带砂粒。

塑性体 APP 改性沥青防水卷材物理性能 GB 18243—2000　　表 5-4

序号	胎基		PY		G	
	型号		I	II	I	II
1	可溶物含量 g/m², ≥	2mm			1300	
		3mm				2100
		4mm				2900
2	不透水性	水压力 MPa	0.3	0.3	0.2	0.3
		保持时间 min, ≥				30
3	耐热度/℃		110	130	110	130
						无滑动、流淌、滴落

续表

序号	胎基 型号		PY I	PY II	G I	G II
4	拉力 N/50mm, ≥	纵向	450	800	350	500
		横向			250	300
5	最大拉力时延伸率%, ≥	纵向	25	40	—	—
		横向				
6	低温柔度/℃		−5	−15	−5	−15
			无裂纹			
7	撕裂强度 N, ≥	纵向	250	350	250	350
		横向			170	200
8	人工气候加速老化	外观	1级，无滑动、流淌、滴落			
		纵向拉力保持率%, ≥	80			
		低温柔度/℃	3	−10	3	−10
			无裂纹			

注：1. 当需要耐热度中超过130℃卷材时，该指标可由供需双方协商决定；
2. 表中1-6项为强制项目；
3. I型表面带薄膜，II型表面带砂粒。

SBS改性沥青防水卷材的低温（可达−25℃）性能较好，可在温度较低条件下施工，耐高温性能为90~100℃。APP改性沥青防水卷材耐高温的能力可达110~130℃不流淌，低温性能可在−15~10℃，适用于温度较高环境及外露使用。高聚物改性沥青防水卷材的胎体性能对应用效果影响极大，应首选强度和延伸率均好的长纤维聚酯胎或无碱、低碱玻纤胎。高聚物改性沥青防水卷材可采用热熔施工法或冷粘施工法，可根据设防要求分别采用双层（4mm+4mm；4mm+3mm；3mm+3mm；）或单层（4mm）做法。

SBS、APP改性沥青防水卷材适用于工业与民用建筑的屋面与地下 I~IV 级防水设防。

2）自粘型橡胶沥青防水卷材

自粘型橡胶沥青防水卷材由橡胶沥青自粘层（不含溶剂）和覆面层（隔离纸）组成。当基层变形时可通过自粘层位移和厚度变化，缓释、吸收基层应力，防止渗漏、窜流，达到空铺法施工效果，且自粘层的粘结密封效果能够长时间保持。以高分子防水卷材与自粘型橡胶沥青防水卷材的复合作法应用效果更好。

自粘型橡胶沥青防水卷材适用于工业与民用建筑的屋面与地下 I~IV 级防水设防。

3）铝箔面油毡

铝箔面油毡是用玻璃纤维毡为胎基，浸涂氧化沥青，覆盖聚乙烯膜或细颗粒矿物料，表面用铝箔贴面制成的防水卷材。它能够反射太阳光，降低屋面及室内温度，主要用于多层防水的面层。

（3）合成高分子防水卷材

合成高分子防水卷材包括合成橡胶类防水卷材和合成树脂类防水片（卷）材。

合成橡胶类防水卷材有三元乙丙橡胶防水卷材；合成树脂类防水片（卷）材有聚氯乙烯（PVC）防水卷材 GB 12952—2003，氯化聚乙烯防水卷材。合成树脂类防水片材具有强度高、耐穿刺能力强等特点，主要采用空铺法施工。接缝处理一般采用热焊接法，整体性好，安全系数高。

合成橡胶类防水卷材适用于工业与民用建筑的屋面与地下 I～IV 级防水设防，外露应选用耐候性能好的三元乙丙橡胶防水卷材；合成树脂类防水片材主要应用于建筑防水工程。

1）三元乙丙橡胶防水卷材

三元乙丙橡胶防水卷材是以优异的抗臭氧老化性能的三元乙丙橡胶为主要原料，辅以丁基橡胶、天然橡胶及炭黑、硫化剂等多种填料，加工制成的高弹性防水卷材。应配备专用的配套系统，包括配套胶粘剂、配套基底处理剂、配套密封材料、预制配件等，一般采用冷粘法或胶粘带法施工。具有很高的拉伸强度，极好的伸长率、回弹率和耐低温性能。据初步测算其最长寿命可达五十年以上。

2）聚氯乙烯防水卷材

聚氯乙烯防水卷材是以聚氯乙烯树脂为主要基料，掺入增塑剂、填充料等外加剂加工而成的高弹塑性防水卷材，具有拉伸强度高、伸长率大、耐老化、对基层的伸缩和开裂变形适应性强等优点。

3）氯化聚乙烯橡胶防水卷材

氯化聚乙烯橡胶防水卷材是以氯化聚乙烯树脂和合成橡胶为基料，加入各种外加剂加工而成的高弹性防水卷材，具有橡胶和塑料的特点：高强度、高延伸性、高弹性及良好的耐低温性、耐老化性等。

3. 常用防水涂料

建筑防水涂料是可流动或黏稠的液体，经现场涂刷后固化形成无接缝的防水层。防水涂料具有防水性能好，操作方便，与基层粘结强度高，有良好的温度适应性，可适应各种形状复杂的防水基面等特点，主要适用于屋面、地下、厕浴间以及外墙防水工程。包括有机型防水涂料和无机型防水涂料，有机型防水涂料包括聚合物水泥防水涂料 JC/T 894—2001、聚合物乳液建筑防水涂料 JC/T 864—2000、聚氨酯防水涂料 GB/T 19250—2003、丙烯酸酯防水涂料等，无机型防水涂料包括水泥基渗透结晶型防水涂料 GB 18445—2001、界面渗透型防渗剂等。

（1）聚合物—水泥防水涂料

聚合物—水泥防水涂料是一种挥发固化型涂料，主要分为两种类型：I 型以聚合物乳液为主要成分，添加少量无机活性粉料，经固化形成柔性涂膜，可用于迎水面作防水层；Ⅱ型以水泥等无机活性粉料为主，添加一定量的聚合物乳液，经固化形成弹性水泥涂膜，可用于背水面防水。

（2）丙烯酸酯类防水涂料

丙烯酸酯类防水涂料是一种单组分防水涂料。适用于结构主体的迎水面防水。它具有较好的耐候性，适用于外露及非外露部位。水乳型彩色丙烯酸酯类防水涂料同时兼具装饰、防水功能，宜用于屋面及墙面防水、装饰。

（3）聚氨酯防水涂料

聚氨酯防水涂料是一种反应固化型涂料。固化形成的涂膜综合性能好、强度高、延伸率大、弹性、粘结密封性能好。单组分聚氨酯涂料依靠吸收空气及基层的水分及催化剂的作用固化，可应用于潮湿或干燥的基层表面施工。单组分聚氨酯防水涂料含有20%溶剂。应用多组分聚氨酯涂料时须现场配置，应在干燥的基层表面施工。必须注意应尽量选择低毒或无毒溶剂并严格限制用量，减少对大气环境的污染和对人身安全的影响。聚氨酯防水涂料的物理力学性能见表5-5、表5-6。

单组分聚氨酯防水涂料物理力学性能　　　　表5-5

序号	项目		Ⅰ	Ⅱ
1	拉伸强度，MPa ≥		1.9	2.45
2	断裂伸长率，% ≥		550	450
3	撕裂强度，N/mm ≥		12	14
4	低温弯折性，≤		−40	
5	不透水性（0.3MPa，30min）		不透水	
6	固体含量，% ≥		80	
7	表干时间，h ≤		12	
8	实干时间，h ≤		24	
9	加热伸缩率，%	≤	1.0	
		≥	−4.0	
10	潮湿基面粘结强度a，MPa		0.50	
11	定伸时老化	加热老化	无裂纹及变形	
		人工气候老化b	无裂纹及变形	
12	热处理	拉伸强度保持率，%	80 − 150	
		断裂伸长率，% ≥	500	400
		低温弯折性，℃ ≤	−35	
13	碱处理	拉伸强度保持率，%	60 − 150	
		断裂伸长率，% ≥	500	400
		低温弯折性，℃ ≤	−35	

续表

序号	项 目		I	II
14	酸处理	拉伸强度保持率,%	80 – 150	
		断裂伸长率,% ≥	500	400
		低温弯折性,℃ ≤	−35	
15	人工气候老化 b	拉伸强度保持率,%	80 – 150	
		断裂伸长率,% ≥	500	400
		低温弯折性,℃ ≤	−35	

注：a 仅用于地下工程潮湿基面时要求；
　　b 仅用于外露使用的产品。

多组分聚氨酯防水涂料物理力学性能　　表5-6

序号	项 目		I	II
1	拉伸强度,MPa ≥		1.9	2.45
2	断裂伸长率,% ≥		450	450
3	撕裂强度,N/mm ≥		12	14
4	低温弯折性,℃ ≤		−35	
5	不透水性（0.3MPa,30min）		不透水	
6	固体含量,% ≥		92	
7	表干时间,h ≤		8	
8	实干时间,h ≥		24	
9	加热伸缩率%	≤	1.0	
		≥	−4.0	
10	潮湿基面粘结强度 a,MPa ≥		0.50	
11	定伸时老化	加热老化	无裂纹及变形	
		人工气候老化	无裂纹及变形	
12	热处理	拉伸强度保持率%	80 ~ 150	
		断裂伸长率% ≥	400	
		低温弯折性℃ ≤	−30	
13	碱处理	拉伸强度保持率%	60 ~ 150	
		断裂伸长率% ≥	400	
		低温弯折性℃ ≤	−30	
14	酸处理	拉伸强度保持率,%	80 ~ 150	
		断裂伸长率% ≥	400	
		低温弯折性℃ ≤	−30	
15	人工气候老化 b	拉伸强度保持率%	80 ~ 150	
		断裂伸长率% ≥	400	
		低温弯折性℃ ≤	−30	

注：a 仅用于地下工程潮湿基面时要求；
　　b 仅用于外露使用的产品。

（4）水泥基渗透结晶型防水涂料

水泥基渗透结晶型防水涂料是以水泥、石英粉等为主要基材，掺入多种活性化学物质的粉状材料或与水拌和调配而成，或由多种活性化学物质直接配制而成的液体。该类涂料具有的活性化学物质，利用水泥混凝土本身固有的化学特性及多孔性，以水做载体，借助渗透作用，在混凝土的微孔及毛细管中传输、充盈催化混凝土内的微粒和未完全水化的成分，再次发生水化作用形成不溶性的枝蔓状结晶并与混凝土结合为整体，从而堵塞住任何方向来的水及其他液体。由于这种特有的催化剂遇水就激活，若干年后因为振动或其他原因产生新的细微缝隙时，一旦有水渗入，又会产生新的结晶把水堵住。可达到永久防水、防潮和保护钢筋，增强混凝土结构强度的效果，是一种高性能的防水涂料。

水泥基渗透结晶型防水涂料的主要性能及特点：

①长期耐1.2MPa以上的高压水；
②渗透性强，能渗入混凝土结构内部300mm；
③自我修复能力强，不易老化，防水作用持久；
④不妨碍混凝土呼吸功能；
⑤耐久性强，耐化学腐蚀、冻融循环及氯离子等对混凝土的破坏；
⑥环保性能好，无毒，无污染；
⑦综合成本较低，施工方法简单，不仅用于混凝土结构表面，也可作为外加剂掺入混凝土或砂浆中使用。

防水材料种类繁多、性能各异，新型防水材料更是层出不穷。使用中应根据建筑物性质、重要程度、功能要求、防水耐用年限、设防要求等合理选用，做到材料性能良好、施工技术有保障、经济效益合理。现行《屋面工程技术规范》GB 50345—2004 中规定屋面防水等级及设防要求见表5-7。

屋面防水等级及设防要求 表5-7

屋面防水等级	I	II	III	IV
建筑物类别	特别重要的民用建筑或对防水有特殊要求的工业建筑	重要建筑、高层建筑	一般建筑	非永久性建筑
防水层耐用年限	25年	15年	10年	5年
防水层材料选用	合成高分子防水卷材、高聚物改性沥青防水卷材、合成高分子防水涂料、金属板材、细石混凝土等	合成高分子防水卷材、高聚物改性沥青防水卷材、合成高分子防水涂料、高聚物改性沥青防水涂料、金属板材、细石混凝土、平瓦等	三毡四油沥青防水卷材、高聚物改性沥青防水卷材、合成高分子防水涂料、高聚物改性沥青防水涂料、金属板材、细石混凝土、平瓦等	三毡四油沥青防水卷材、高聚物改性沥青防水涂料等
设防要求	三道及以上防水设防	二道防水设防	一道防水设防	一道防水设防

5.3.2 屋面防水构造

1. 平屋顶屋面防水构造

平屋顶屋面的防水方式根据所用材料及施工方法的不同分为两种：柔性防水和刚性防水。

（1）柔性防水构造

柔性防水是指将柔性的防水卷材或片材用胶结材料粘贴在屋面上，形成一个大面积的封闭防水覆盖层。柔性防水又称"卷材"防水。这种防水层具有一定的延伸性，能适应温度变化而引起的屋面变形。其构造做法如下：

1）找坡层

当屋顶为材料找坡时，应选用轻质材料形成排水坡度，如水泥：砂子：焦碴、水泥：粉煤灰：浮石、水泥：粉煤灰：页岩陶粒等，最薄处30mm厚。当建筑物跨度为18m以上时，应选用结构找坡。

2）找平层

通常在结构层或找坡层上做找平层，一般采用20mm厚1：3水泥砂浆抹平。

3）隔汽层

一般在湿度较大的房间设置，目的是阻隔水蒸气，避免保温层吸收水蒸气而产生膨胀变形，防止屋面防水层龟裂，通常在保温层下面做。常用的隔汽层材料有2.0mm厚SBS改性沥青防水涂料、1.2mm厚聚氨酯防水涂料和1.2mm厚聚氯乙烯防水涂料。

4）防水层

目的是防止屋顶雨水渗漏。卷材可采用空铺法、点粘法、条粘法和满粘法铺贴。铺贴卷材时，应从屋檐开始平行于屋脊由下向上铺设，上下边搭接80～120mm，左右边搭接100～150mm，如图5-6所示。

5）保护层

保护层是防止防水层直接受风吹日晒后开裂、漏雨而铺设的。如果是不上人屋顶，采用铝银粉涂料保护层。如果是上人屋顶，可用水泥砂浆铺贴块材，如水泥花砖、缸砖、混凝土预制块等，也可用现浇40mm厚的C20细石混凝土等。

（2）刚性防水构造

刚性防水就是防水层为刚性材料，如密实性钢筋混凝土或防水砂浆等。具体做法是用适当级配的豆石混凝土，使其尽量达到最大密实度，并在其中配$\phi4@200mm$的双向钢筋网，常用配比为水泥：砂子：石子的重量比为1：1.5～2.0：3.5～4.0。使用这种密实的混凝土做防水层，其厚度为30～50mm，为了防止防水层开裂，通常应设置分仓缝。其位置一般在结构构件的支承位置及屋面分水线处。屋面总进深在10m以内，可在屋脊处设一道纵向分仓缝，超

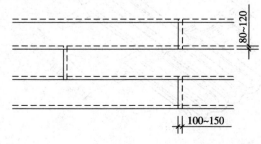

图5-6 卷材的搭接

过10m，可在坡面中间板缝内设一道，且缝口在支承墙体上方，其设置位置如图5-7所示。

分仓缝的宽度在20mm左右，缝口上大下小，缝内填沥青麻丝，上部填20~30mm深油膏。横向及纵向屋脊处分仓缝可凸出屋面30~40mm，纵向非屋脊处缝应做成平缝，以免影响排水，其构造做法如图5-7所示。

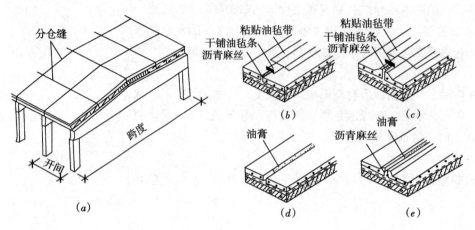

图5-7 刚性防水屋面分仓缝的位置和做法

2. 坡屋顶的屋面防水构造

坡屋顶的屋面防水材料种类较多，目前采用的有平瓦、琉璃瓦、波形瓦等。

（1）平瓦屋面

平瓦分水泥瓦和黏土瓦两种。瓦面上有顺水凹槽，瓦底后部设挂瓦钉。铺设平瓦前应在瓦下设置防水层，以防渗漏，其方法是铺设一层卷材或垫设泥背、灰背，铺设时上、下层平瓦搭接长度不得小于70mm，在屋脊处用脊瓦压盖，如图5-8所示。

（2）琉璃瓦屋面

琉璃瓦屋面是我国传统宫式建筑屋面的主要材料，常见颜色有黄、绿、黑、蓝、紫、翡翠等色。屋面琉璃构件较为繁杂，大体分为屋面构件、正脊用构件、垂脊用构件、戗脊用构件。屋面琉璃构件如图5-9所示。

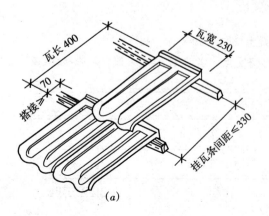
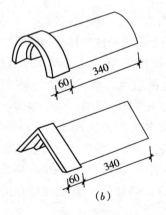

图5-8 平瓦和脊瓦
(a) 平瓦的规格和构造要求；(b) 筒形脊瓦和三角形脊瓦

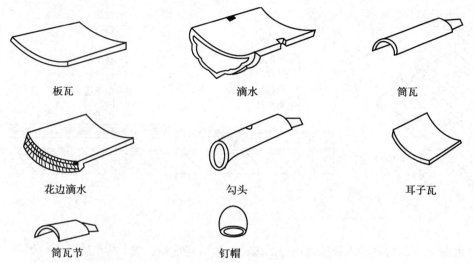

图 5-9 屋面琉璃构件

（3）波形瓦屋面

波形瓦屋面主要用于坡度较小的屋顶。为提高瓦的刚度，其横断面做成波浪起伏形状。它的特点是面积大、接缝少、自重轻、防水好。波形瓦按波垄形状分为大波瓦、中波瓦、小波瓦、弧形波瓦、梯形波瓦、不等波瓦。按材料分为水泥石棉瓦、镀锌铁皮瓦、彩色钢板瓦、铝合金板等，其构造如图 5-10、图 5-11 所示。

5.4 屋顶构造

屋顶由防水层、承重结构、保温（隔热）层和顶棚等主要部分组成。由于地区差异和建筑功能的要求不同，其构造组成有所区别。

5.4.1 平屋顶的构造组成和作用

平屋顶的构造一般分上人屋顶和不上人屋顶两种，如图 5-12 所示。

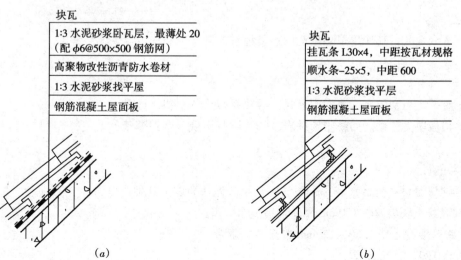

图 5-10 块瓦屋面
(a) 砂浆卧瓦；(b) 钢挂瓦条

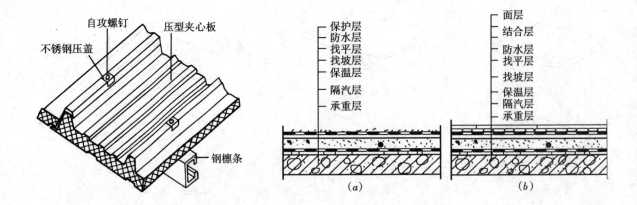

图 5-11 采瓦屋面（左）
图 5-12 平屋顶的构造层次（右）
(a) 不上人；(b) 上人

1. 防水层

主要是阻止雨水和融化后的雪水渗入建筑物内部。因此，要求屋面材料具有一定的抗渗能力和强度。

2. 平屋顶的承重结构

平屋顶的承重结构承受屋面传来的各种荷载和屋顶自重。一般有平面结构和空间结构。钢筋混凝土梁板承重、网架承重等方式。多数民用建筑采用钢筋混凝土梁板承重。

（1）平面结构

当建筑内部空间较小时，采用钢筋混凝土梁板承重，即为平面结构。其构造做法与楼板基本相似。

（2）空间结构

当建筑物跨度较大时，可采用网架、薄壳等承重，其上可以直接铺设钢筋加气混凝土板或彩钢板等屋面材料。

3. 保温与隔热层

屋顶是建筑物的外围护结构，应根据建筑物的使用性质和气候条件，采取相应的保温或隔热构造处理。

（1）屋顶的保温

保温层主要用于寒冷地区，其作用是防止室内热量经屋面向室外散失。厚度经热工计算确定。

1）屋面保温材料

屋面保温材料一般多选用空隙多、表面密度轻、导热系数小的材料。通常分为松散类、整体类和板块类三种。如膨胀珍珠岩、加气混凝土块、水泥聚苯颗粒板等。

2）平屋顶保温层的做法

有复合做法（两种保温材料复合）和单一做法。常用的做法有以下几种：

①100mm 厚加气混凝土块与 30～130mm 厚聚苯板复合；

②60mm 厚 C10 陶粒混凝土块与 50～150mm 厚聚苯板复合；

③水泥聚苯颗粒板 120～240mm 厚；

④特制加气混凝土保温块 150~250mm 厚。

(2) 屋顶的隔热

夏季在太阳辐射热和室外空气温度的综合作用下，使屋顶温度急剧升高，并通过屋顶传入室内，影响房屋的正常使用。故从构造上设置隔热层，以阻隔太阳辐射热传入室内。其构造做法主要有通风隔热、蓄水隔热、植被隔热、反射隔热等。

1) 通风隔热屋面

是在屋顶设置通风的空气间层，其上层表面可遮挡太阳辐射热，由于风压和热压作用，把间层中的热空气不断带走，使下层板面传至室内的热量大为减少，以达到隔热、降温的目的。这种做法又分为架空通风隔热屋面和顶棚通风隔热屋面。

①架空通风隔热屋面　在屋面防水层上用适当的材料或构件制品作架空隔热层，构造做法如图 5-13 所示。

②顶棚通风隔热屋面　利用顶棚与屋顶之间的空间作通风隔热层，一般在屋面板下吊顶棚，檐墙上开设通风口，其构造做法如图 5-14 所示。

2) 蓄水隔热屋面

蓄水隔热屋面就是在平屋顶上蓄积一层水，利用水分的蒸发，将水层中的热量大量带走，以减少屋顶吸收热量，从而达到降温、降热的目的，其构造做法如图 5-15 所示。

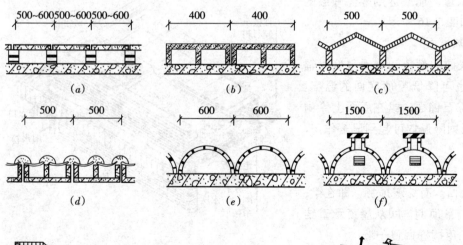

图 5-13　架空通风隔热屋面
(a) 架空大阶砖或预制板；(b) 架空混凝土槽形板；(c) 架空钢丝网水泥折板；(d) 倒槽板上铺小青瓦；(e) 钢筋混凝土半圆拱；(f) 1/4 砖拱

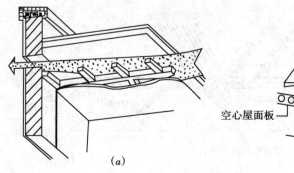

图 5-14　顶棚通风隔热屋面
(a) 在外墙内设通风孔；(b) 从空心屋面板孔洞中通风

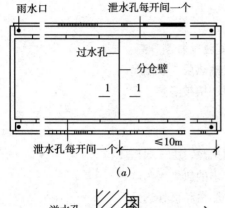
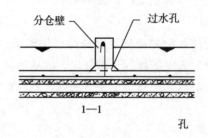
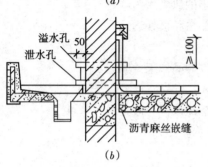
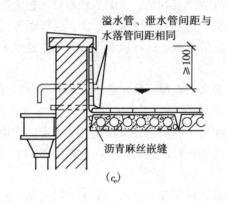

图 5-15 蓄水隔热屋面
(a) 屋面平面图；(b) 檐口水平排水口；(c) 檐口垂直排水口

3) 植被隔热屋面

在平屋顶上种植各种绿色植物，借助于栽培介质及植物吸收阳光进行光合作用和遮挡阳光的双重功能来达到隔热降温的目的，其构造做法如图5-16所示。

4) 反射降温隔热屋面

利用屋面材料表面的颜色和光滑程度对辐射热的反射作用，也可降低屋顶底面的温度。例如采用浅颜色的砾石铺面，或在屋面上涂刷一层白色涂料，对反射降温均可起到显著作用，如图5-17所示。

4. 顶棚

顶棚是屋顶的底面。有抹灰顶棚，即在梁、板的底面直接抹灰；吊顶棚，即从屋顶承重结构向下吊挂顶棚，或用搁栅搁置于墙或柱上形成顶棚。平屋顶顶棚构造与楼板层处顶棚构造一致。

5.4.2 坡屋顶构造

坡屋顶的坡度大，雨水容易排除，故屋面构造及屋面防水方式均与平屋顶不同。坡屋顶的屋面防水常采用构件自防水方式，屋面构造层次主

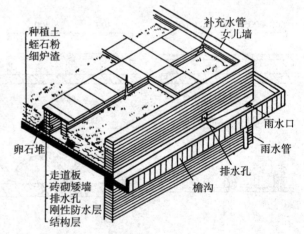

图 5-16 植被隔热屋面（上）
图 5-17 铝箔反射屋面（下）

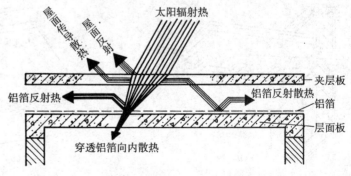

要由屋顶顶棚、承重结构层及屋面面层组成。

1. 坡屋顶的承重结构

坡屋顶的承重结构形式可分为墙体承重、梁架承重、屋架承重、钢筋混凝土斜板承重等几种形式。

(1) 墙体承重

横墙间距较小的坡屋面房屋，可以把横墙上部砌成三角形，直接搁置檩条以支承屋顶荷载，叫做硬山搁檩，如图5-18所示。

檩条截面和间距根据构造需要由结构计算确定。可采用木材、预制钢筋混凝土、轻钢、型钢等材料，如图5-19所示。

(2) 屋架承重

当建筑物跨度较大时，可采用屋架作为屋顶的承重结构，依据不同的跨度可采用木屋架、钢筋混凝土屋架、钢屋架，如图5-20所示。目前，较多使用钢屋架。钢屋架的形式可采用三角形、梯形、拱形等。

(3) 梁架承重

梁架也称木构架，是我国传统的结构形式，由梁和柱组成。梁架通过檩条连系而形成整体骨架。墙体仅起分隔和维护作用，如图5-21所示。

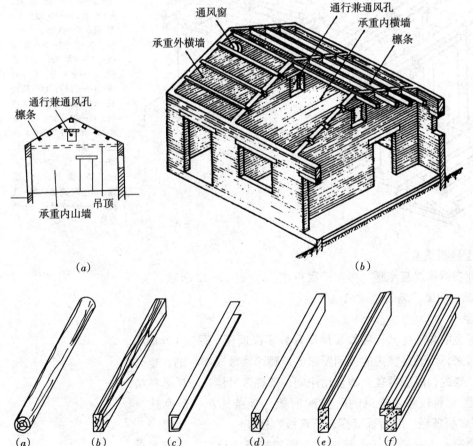

图5-18 硬山搁檩坡屋顶
(a) 剖面；(b) 平面

图5-19 檩条断面形式
(a)、(b) 木檩条；(c) 钢檩条；(d)、(e)、(f) 钢筋混凝土檩条

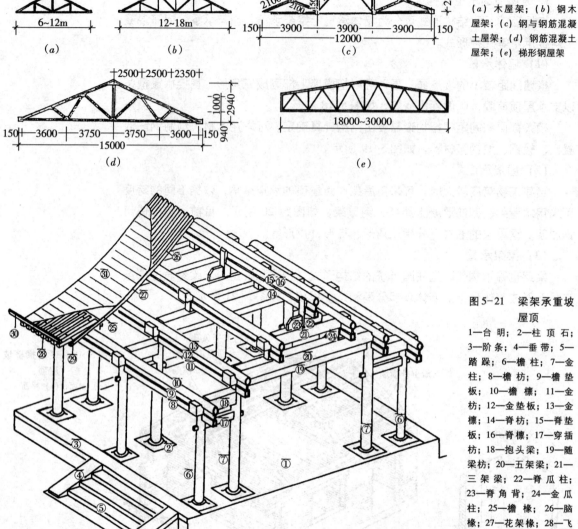

图5-20 屋架的形式与材料
(a) 木屋架;(b) 钢木屋架;(c) 钢与钢筋混凝土屋架;(d) 钢筋混凝土屋架;(e) 梯形钢屋架

图5-21 梁架承重坡屋顶
1—台明;2—柱顶石;3—阶条;4—垂带;5—踏跺;6—檐柱;7—金柱;8—檐枋;9—檐垫板;10—檐檩;11—金枋;12—金垫板;13—金檩;14—脊枋;15—脊垫板;16—脊檩;17—穿插枋;18—抱头梁;19—随梁枋;20—五架梁;21—三架梁;22—脊瓜柱;23—脊角背;24—金瓜柱;25—檐椽;26—脑椽;27—花架椽;28—飞椽;29—小连椽;30—大连椽;31—望板

(4) 钢筋混凝土斜板承重

屋面结构层为现浇钢筋混凝土板,多用于民用建筑,如图5-22所示。

2. 坡屋顶的顶棚、保温、隔热与通风

(1) 坡屋顶顶棚

为室内美观及保温隔热的需要,坡屋面房屋多数要设顶棚(吊顶),把屋顶承重结构层隐藏起来,以满足室内的使用要求。顶棚通常做成水平的,也有时沿屋面坡度做成倾斜的,以取得较大的使用空间,顶棚多吊挂在屋顶承重结构上。吊顶棚的面层材料较多,常见的有抹灰顶棚(板条抹灰、芦席抹灰等)、板材顶棚(纤维板顶棚、胶合板顶棚、石膏板顶棚等)。

顶棚的骨架主要有:主吊顶筋(主搁栅)与屋架或檩条拉接;顶棚龙骨

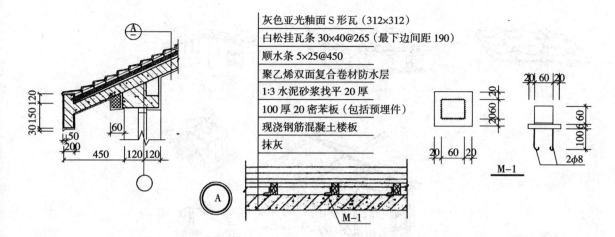

图 5-22 钢筋混凝土斜板承重坡屋顶

（次搁栅）与主吊顶筋连接。按材质，顶棚骨架又可分为木骨架、轻钢骨架等。顶棚主吊筋的断面尺寸需经计算确定，顶棚龙骨当采用木质时，断面一般为 40mm×40mm 左右，或 40mm×45mm，中距为 500mm 左右。顶棚骨架与屋面结构间的连接方式有两种：一是用钢吊筋，二是用木吊杆，吊顶棚构造如图 5-23 所示。

（2）坡屋顶的保温

当坡屋顶有保温要求时，应设保温层。有顶棚的屋顶，保温层铺设在吊顶棚上；不设吊顶时，保温层可铺设于屋面板与屋面面层之间，保温材料可选用木屑、膨胀珍珠岩、玻璃棉、矿棉、石灰稻壳、柴泥等。有吊顶保温层构造如图 5-23 所示，无吊顶保温层构造如图 5-24 所示。

（3）屋顶的隔热与通风

坡屋顶的隔热与通风有以下几种做法：

1）通风屋面

屋面做成双层，由檐部进风至屋脊排风，利用空气流动带走间层中的一部分热量，以降低屋顶底面的温度，如图 5-25（a）、（b）所示。

2）吊顶棚隔热通风

吊顶棚与屋面之间有较大的空间，通常在坡屋面的檐口下、屋脊、山墙等处设置通气窗，使吊顶层内空气有效流通，带走热量，降低室内温度，其构造如图 5-25（c）、（d）、（e）、（f）所示。

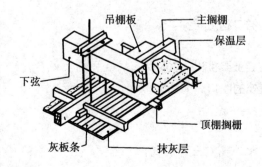
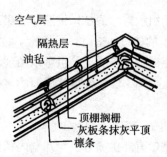

图 5-23 顶棚（左）
图 5-24 无吊顶屋面保温层构造（右）

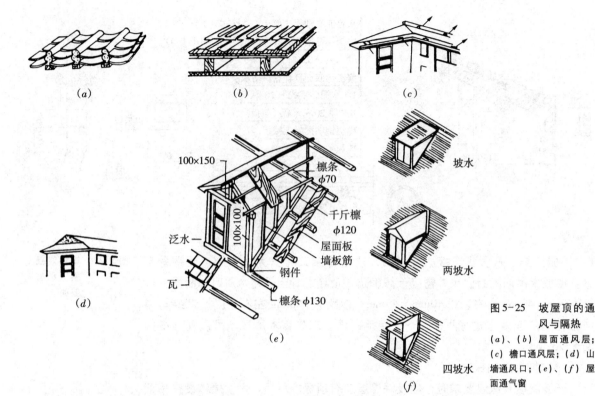

图 5-25 坡屋顶的通风与隔热
(a)、(b) 屋面通风层；(c) 檐口通风层；(d) 山墙通风口；(e)、(f) 屋面通气窗

5.5 屋顶的细部构造

5.5.1 平屋顶的细部构造

平屋顶屋面的细部构造包括屋面泛水构造、檐口构造、屋面变形缝防水构造、雨水口构造、屋面突出物构造等。如构造处理不当，容易产生漏水。

1. 泛水构造

屋面防水层与垂直墙面交接处的防水构造处理叫泛水。如女儿墙与屋面、烟囱与屋面等的交接处构造。

屋面与墙的交界处基层应做成钝角（大于 135°），或圆弧（$R = 50 \sim 100mm$），防水层向垂直面的上卷高度不宜小于 250mm，常用 300mm。卷材的收口应严实，以防收口处漏水，泛水构造如图 5-26 所示。

2. 檐口构造

檐口构造分为无组织排水的檐口构造和有组织排水的檐口构造两种。

（1）无组织排水的檐口构造

挑檐板一般由屋面板直接挑出，也可以由现浇钢筋混凝土梁挑出。其防水构造与屋面防水构造相同，但要处理好屋面防水层在挑檐处的收口，如图 5-27 所示。

（2）有组织排水的檐口构造

有组织排水的檐口有外挑檐沟、女儿墙内檐沟、女儿墙外檐沟三种形式，

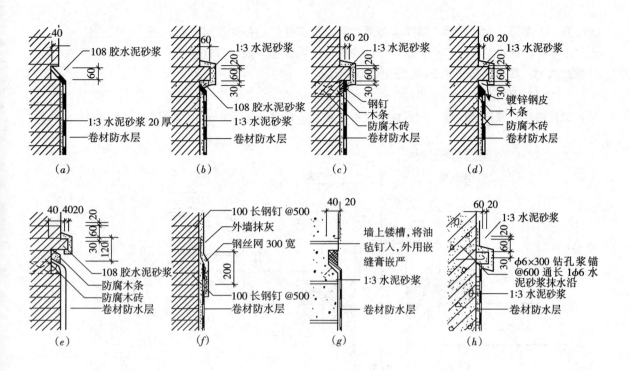

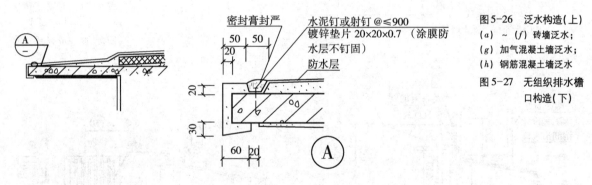

图 5-26 泛水构造(上)
(a)～(f) 砖墙泛水；
(g) 加气混凝土墙泛水；
(h) 钢筋混凝土墙泛水

图 5-27 无组织排水檐口构造(下)

如图 5-28 所示。

3. 雨水口构造

当屋面采用有组织排水时，雨水需经雨水口排至落水管。雨水口分檐沟底部的水平雨水口和设在女儿墙上的垂直雨水口两种。雨水口处应排水通畅，不

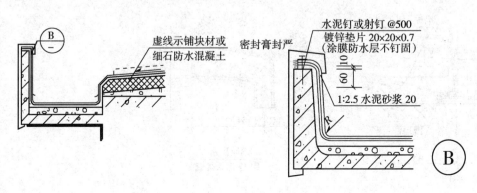

图 5-28 有组织排水檐口构造

第 5 章 屋 顶 131

宜堵塞，不渗漏。为了防渗，雨水口与屋面防水层交接处应加铺一层卷材，屋面防水卷材应铺设至雨水口内，雨水口处应有挡杂物设施。雨水口分直管式和弯管式两类，其构造如图5-29和图5-30所示。

4. 女儿墙压顶

女儿墙是外墙在屋顶以上的延续，也称压檐墙。墙厚一般240mm，高度

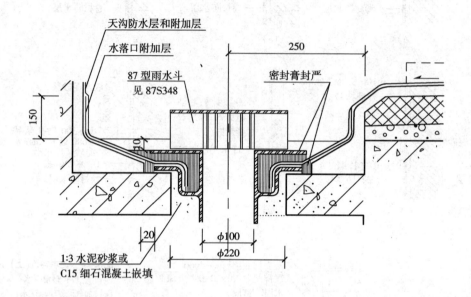

图5-29　直管式雨水口（上）

图5-30　弯管式雨水口（下）

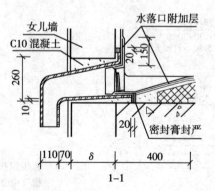

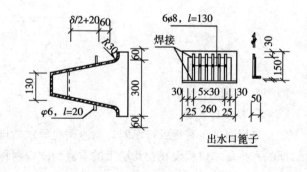

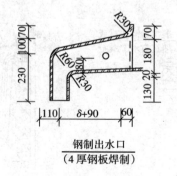

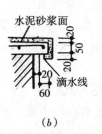

图 5-31 女儿墙压顶
(a) 预制压顶板；
(b) 现浇压顶板

视上人还是不上人屋面而定，上人屋面女儿墙的高度不小于 1300mm，不上人屋面女儿墙的高度不小于 800mm。压顶有现浇和预制两种，其构造如图 5-31 所示。

5. 屋面变形缝构造

屋面变形缝有两种情况：一是变形缝两侧的屋面等高，其构造如图 5-32 所示；另一种是变形缝两侧屋面不等高，其构造如图 5-33 所示。

6. 屋面突出物构造

（1）屋面检查孔构造

为方便检修屋面，需在房屋走道或楼梯间处、屋顶上设屋面检查孔，孔内径不得小于 700mm×700mm，其构造如图 5-34 所示。

图 5-32 等高屋面变形缝构造（左下）

图 5-33 不等高屋面变形缝构造（右上）

图 5-34 屋面检查孔的构造（右下）

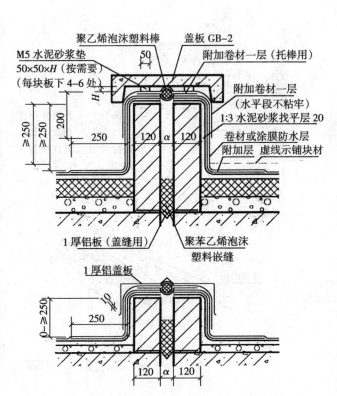

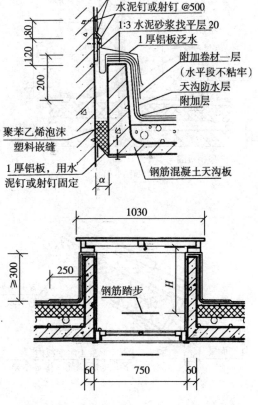

(2) 管道、烟囱穿屋面构造

为防止雨水渗漏，构造上应将屋面基层与管子交接处抹成圆弧，卷材上卷，高度不小于300mm，其构造如图5-35所示。

5.5.2 坡屋顶的细部构造

坡屋顶的细部构造有檐口构造、山墙、屋面突出物构造等。

1. 檐口构造：坡屋顶的檐口构造与坡屋顶的排水方式有关，当采用无组织排水时，采用挑檐口，其构造如图5-36所示。当采用有组织排水时，采用挑檐沟，其构造如图5-37所示。

2. 山墙

双坡屋面的山墙有硬山和悬山两种。

(1) 硬山

硬山是山墙与屋面等高或高于屋面做成女儿墙，女儿墙做压顶，构造与平屋面相似。女儿墙与屋面相交处做泛水，其构造如图5-38所示。

(2) 悬山

悬山是把屋面挑出山墙之外，其构造如图5-39所示。

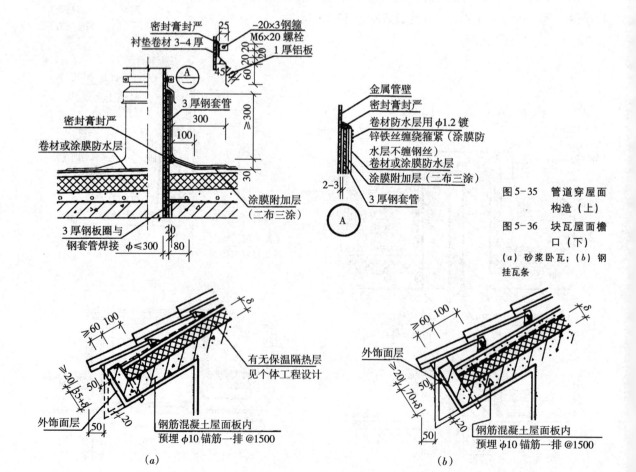

图5-35 管道穿屋面构造（上）
图5-36 块瓦屋面檐口（下）
(a) 砂浆卧瓦；(b) 钢挂瓦条

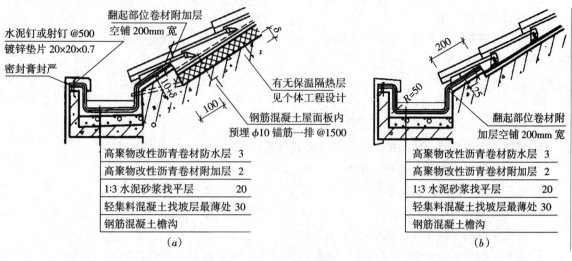

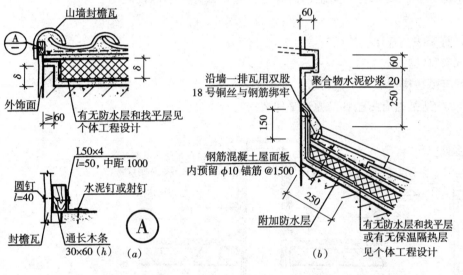

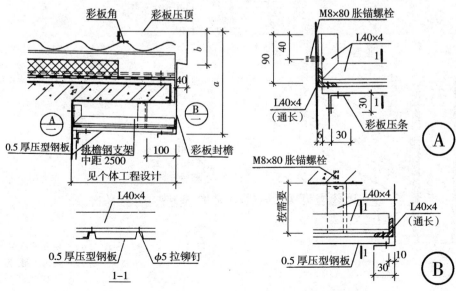

图 5-37 块瓦屋面檐沟（上）

(a) 砂浆卧瓦；(b) 钢挂瓦条

图 5-38 块瓦屋面硬山构造（中）

(a) 山墙封檐；(b) 屋面泛水

图 5-39 块瓦形钢板彩瓦屋面悬山构造（下）

3. 屋面突出物构造

烟囱、管道等与屋面相交，其四周应做泛水，以防雨水渗漏，其构造如图5-40 所示。

复习思考题

1. 屋顶是由哪几部分组成的？它们的作用是什么？
2. 屋面的坡度是根据什么确定的？
3. 怎样形成平屋顶的排水坡度？
4. 屋顶有哪些排水方式？
5. 什么是有组织排水？什么是无组织排水？
6. 在有组织排水方式中，雨水管的间距如何确定？为什么有时不能按理论间距设置雨水管？
7. 屋面防水材料有哪些？有什么特点？
8. 屋面防水方式有哪几种？
9. 卷材防水屋面有哪些构造层次？在构造上各有什么要求？
10. 平屋顶隔热的构造措施有哪些？其原理是什么？

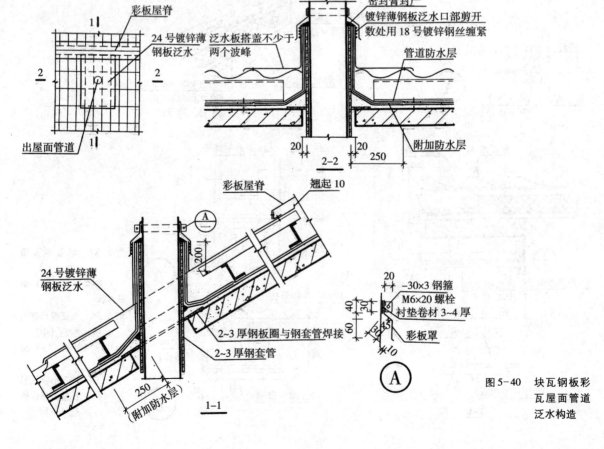

图5-40 块瓦钢板彩瓦屋面管道泛水构造

11. 刚性防水屋面的构造层次有哪些？刚性防水屋面为什么要设置分仓缝？
12. 识读柔性防水屋面节点构造详图？
13. 识读刚性防水屋面节点构造详图？
14. 常用的坡屋顶有哪几种？各有哪些做法？
15. 坡屋顶的顶棚有哪些做法？其构造如何？
16. 坡屋顶如何解决保温或隔热问题？
17. 识读坡屋顶节点构造详图？

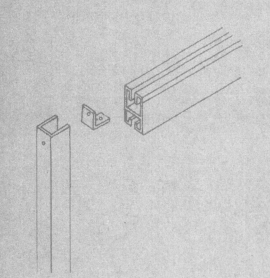

第6章 窗与门

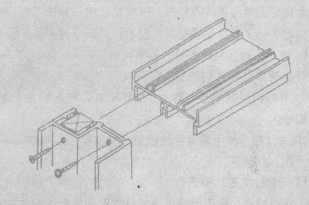

建筑材料与构造

6.1 窗与门所用的材料

目前，门窗常用的材料有木材、铝合金、塑钢等，材料的选用直接会影响到门窗的热工性能、建筑的美观、耐久性和工程造价等。

6.1.1 木材的基本知识

木材是天然生长的有机高分子材料，用于建筑工程已有悠久的历史，近期虽然出现了许多新型建筑材料，但木材仍是一种用途广泛的重要建筑材料。

1. 树木的分类及其木材的基本构造

（1）树木分针叶树和阔叶树两类

① 针叶树　树干通直高大，纹理顺直，材质均匀，木质软易加工，如松、杉、柏等。

② 阔叶树　树干通直部分较短，材质坚硬，难加工，多用于装饰、装修，如榆、柞、曲柳等。

（2）木材的基本构造

①宏观构造　在用肉眼或放大镜的宏观观察，树木由树皮、木质部和髓心三个主要部分组成，如图6-1所示。建筑使用木材都是木材的木质部，心材和边材。

②微观构造　在显微镜观察下，可以看到木材是由无数管状细胞紧密结合而成。每个细胞是由细胞壁和细胞腔两部分组成，细胞壁越厚，细胞腔越小，木材越密实，强度越高。

2. 木材的物理力学性质

（1）含水率

木材中所含水分质量与木材干燥质量的比值称为含水率（％），当木材中的水分与环境湿度相平衡时，木材的含水率称为平衡含水率；当木材细胞壁中的吸附水达到饱和状态，无自由水时，木材的含水率称为纤维饱和点，一般在25%～35%之间，它是选用木材的重要指标。

（2）木材含水状态

①湿材　含水率极高，处于饱和状态的木材。

②纤维饱和状态木材　木材干燥后自由水全部蒸发，而吸附水处于饱和状态的木材。

③气干材　木材经自然干燥，含水率接近平衡含水率（15%）的木材。

④全干材　木材干燥到不含自由水和吸附水状态的木材。

（3）强度

木材各种强度之间的关系见表6-1。建筑工程中常见的木材依其使用情况，有原木是经过去根、除皮、断梢的木材；锯材是将原木

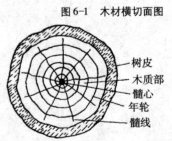

图6-1　木材横切面图
（树皮、木质部、髓心、年轮、髓线）

纵向锯解加工而成（用于建筑模板、家具等）；人造板材如细木工板、胶合板、刨花板等用于门、家具、隔墙板等。

木材各种强度之间的关系　　　　　　　表 6-1

抗压		抗拉		抗弯	抗剪	
顺纹	横纹	顺纹	横纹		顺纹	横纹
1	1/10 ~ 1/3	2 ~ 3	1/20 ~ 1/3	3/2 ~ 2	1/7 ~ 1/3	1/2 ~ 1

6.1.2 铝合金的基本知识

1. 铝合金材料的成分

在纯铝中加入铜、镁、锌、硅、铬等合金元素制成铝合金。其性质同在碳素钢中添加一定量的合金元素形成合金钢而改变碳素钢的某些性质一样，铝合金能够改变铝的某些性质。

铝合金保持了铝质量轻的特性，同时，机械性能明显提高（屈服强度可达 210 ~ 500MPa），抗拉强度可达 380 ~ 550MPa，因此，它不仅可用于建筑装修，还可用于结构。其物理性能指标见表 6-2，机械性能见表 6-3。

铝合金（LD）的物理性能指标　　　　　　　表 6-2

性能类别	相对密度	导热系数（25℃）W/(m·K)	比热（100℃）J/(kg·K)	电阻串（20℃）Ω·mm²/m	弹性模量 MPa
指标	2.715	19.05	0.96	0.033	7000

部分铝合金型材的机械性能　　　　　　　表 6-3

铝合金牌号	状态	厚度（mm）	抗拉强度（MPa）	屈服强度（MPa）	伸长率（%）
LF2	RM	任意	245	—	12
LF3			177	78	12
LD2	CZ		177	—	12
	CS		294	226	10
LY11	CZ	≤10	333	186	12
		10.1 ~ 20.0	353	196	10
		>20.0	363	206	10
	M	任意	245	—	12
LC4	CS	≤10	500	431	6
		10.1 ~ 20.0	530	441	6
		>20.0	559	461	6
	M		275	—	10
LD30	CZ	任意	177	108	16
	CS		265	245	8
LD31	CS		206	177	8
	RCS		157	108	8

2. 铝合金型材的特点

铝合金型材具有良好的耐腐蚀性能,在工业环境和海洋性环境下,未进行表面处理的铝合金的耐腐蚀的能力优于其他合金材料,经涂漆和氧化着色处理后,其耐腐蚀能力更强。目前对铝合金表面采用静电喷漆型材,除了氟碳漆静电喷涂型材外,还有丙烯酸漆静电喷涂型材和聚酯漆静电喷涂型材。处理分两类具体见表6-4;铝合金型材还具有涂层高强特点,可用铅笔硬度判别,具体见表6-5;此外,还具有良好的机械性能等。

铝合金型材的不足之处在于,弹性模量较小(约为钢的1/3),热膨胀系数大,耐热性低。焊接时,需采用惰性气体保护等。

铝合金表面涂层　　　　　表6-4

涂层类别	涂层名称	二涂层	三涂层	四涂层
Ⅰ类涂层	聚偏二氟乙烯漆涂层	底漆加面漆	底漆、面漆加清漆	底漆、阻挡漆、面漆加清漆
Ⅱ类涂层	丙烯酸漆或聚酯漆涂层	单涂层		

不同溶剂和不同试验时间对涂层的影响　　　　表6-5

类　别	溶剂类型	0秒	30秒	60秒	90秒	120秒
丙烯酸漆喷涂	二甲苯	3H	3H	3H	3H	3H
	丁酮	3H	3H	2H	2H	2H
氟碳漆喷涂	二甲苯	3H	3H	3H	3H	3H
	丁酮	3H	3H	3H	2H	2H

3. 铝合金的应用

在现代建筑中,铝合金的应用有:铝合金门窗,铝合金装饰板及顶棚,铝合金波纹管、压型板、冲孔平板等具有承重、耐用、装饰、保温、隔热等优良性能。随着建筑向轻质和装配化方向发展,铝合金将在我国建筑结构、门窗、顶棚、室内装饰及五金等方面广泛使用。由于生产厂家不同,门框、门扇及配件型材种类繁多,仅以70系列推拉门门框、门扇型材为例,如图6-2所示。

6.1.3 塑钢材料的基本知识

用于建筑上的塑料制品统称为建筑塑料。塑料是以合成树脂为主要原料,在一定温度和压力下塑制成型的一种合成高分子材料。将改性聚氯乙烯(UPVC)材料以挤压工艺而得到的塑料异型材,内腔装入钢衬肋后,以专门的组装工艺制造的塑料门窗就是我们所称的塑钢门窗。

1. 塑料的组成

分为简单组分和复杂组分两类

简单组分的塑料基本上一种物质即树脂本身组成,不加或加入少量的辅助材料,如有机玻璃等。

复杂组分的塑料是由多种组分所组成,其基本成分仍是树脂,根据实际需

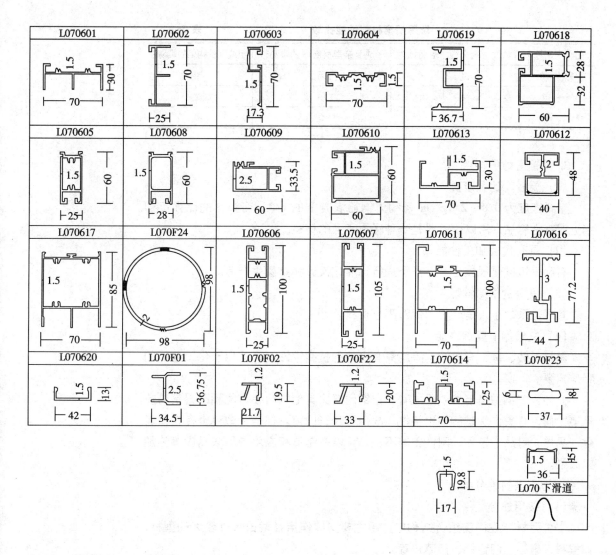

图6-2 铝合金型材截面与尺寸

要可加入各种填料和外加剂。

合成树脂分为热塑性树脂和热固性树脂，热塑性树脂塑料受热后软化，逐渐熔融，冷却后变硬成型，机械性能高，易加工成型。但耐热性、刚性较差。如常见的聚乙烯（PE）、聚氯乙烯（PVC）、聚苯乙烯（PS）等。热固性树脂塑料加热时软化，产生化学变化，形成聚合物交联硬化成型，其耐热性和刚性较高，但机械性能较差。如环氧树脂（EP）、有机硅树脂（SI）等。

填料 通常占塑料的20%~50%，可决定塑料的主要机械性能、化学稳定性能等，如玻璃纤维、云母、木粉等。

添加剂 为了改变塑料的性能，以适应塑料使用或加工时的特殊要求而加入的辅助材料，如增塑剂、稳定剂、润滑剂、颜料等。

2. 塑钢型材的主要性能

由于塑钢型材是由钢与塑料复合而成，因此，它具有这两种材料的物理性能呈现互补性，突显出综合性能优越。与其他门窗材料性能比较见表6-6。

常用门窗材料性能比较　　　　　　　表 6-6

性能	刚性	阻热性	耐火性	耐腐蚀性	形成复杂型材断面的难易性	组成刚性构架的难易性
塑钢	差	优	良	优	易	难
铝合金	良	差	良	优	易	难
木	优	优	差	差	难	易

3. 塑钢型材的特点

（1）质轻、比强度高

塑料密度为 $0.8 \sim 2.0 \text{g/cm}^3$，约为钢筋混凝土的 1/3，而塑料的比强度却接近混凝土制品，所以说塑料是一种轻质高强的材料。

（2）具有优良加工性能

有利于机械化规模生产，便于进行标准化设计和批量生产等。

（3）良好的绝缘性能

其导热系数小，是理想的保温隔热材料。

（4）良好的耐腐蚀性能

塑料对酸、碱、有机溶剂等均具有良好的抗腐蚀性能，适用于化工建筑的特殊需要。

此外，塑钢型材节能效果显著，塑钢门窗比其他门窗在节能和改善室内热环境方面，有更为优越的技术特性，故用于建筑门窗。但是，塑料也存在易老化、易燃、耐热性较差、刚性差等不足，可以在制造和应用中采取相应措施加以改进。

4. 塑钢型材的分类

（1）按用途分

①主型材　在门窗组合结构中，起主要支撑作用且截面尺寸较大的型材，如框料、扇料、门边料、门芯料等。

②副型材　在门窗组合结构中，起辅助作用且截面较小的型材，如压条、玻璃条等。

（2）按截面尺寸分

依其框料厚度尺寸划分各种系列，如 80、85、90 系列等，其框料厚度分别为 80、85、90mm 等。与其配套使用的窗扇型材厚度小些，如图 6-3 所示。

6.2 门窗的作用与分类

6.2.1 门的作用与分类

1. 门的作用

（1）通行

门是人们进出室内外和各房间的通行口，它的大小、数量、位置、开启方向都要按有关规范来设计。

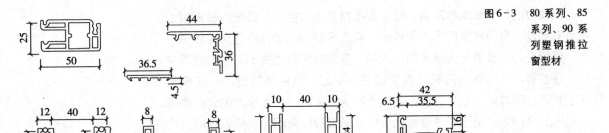

图6-3 80系列、85系列、90系列塑钢推拉窗型材

（2）疏散

当有火灾、地震等紧急情况发生时，人们必经门尽快离开危险地带，起到安全疏散的作用。

（3）围护

门是房间保温、隔声及防自然侵害的重要配件。

（4）采光通风

门上设小玻璃窗（亮子），半玻璃门、全玻璃门可作为房间的辅助采光，也是房间与窗组织自然通风的主要配件。

（5）防盗、防火

对安全有特殊要求的房间要安设由金属制成，经公安部门检查合格的专用防盗门，以确保安全。防火门能阻止火势的蔓延，用阻燃材料制成或防护。

（6）美观

门是建筑突出入口的重要组成部分，所以门设计的好坏直接影响建筑物的立面效果。

2. 门的分类

（1）按门所使用材料的分类

分为木门、钢门、铝合金门、塑钢门、玻璃钢门、无框玻璃门等。

木门应用较广泛、轻便、密封性能好、较经济，但耗费木材；钢门多用于防盗功能的门；铝合金门目前应用较多，一般适于门洞口较大时使用；玻璃钢门、无框玻璃门多用于大型建筑和商业建筑的出入口，美观、大方，但成本较高。

（2）按开启方式分类（图6-4）

①平开门 有内开和外开，单扇和双扇之分。其构造简单、开启灵活、密封性能好、制作和安装较方便，但开启时占用空间较大。

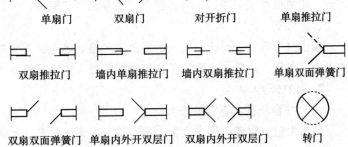

图6-4 各类开启方式的门

②推拉门　分单扇和双扇，能左右推拉且不占空间，但密封性能较差。可手动和自动，自动推拉门多用于办公、商业等公共建筑、通过光控较多。

③弹簧门　多用于人流多的出入口，开启后可自动关闭，密封性能差。

④旋转门　由四扇门相互垂直组成十字形，绕中竖轴旋转。其密封性能好，保温、隔热好、卫生方便，多用于宾馆、饭店、公寓等大型公共建筑。

⑤折叠门　多用于尺寸较大的洞口，开启后门扇相互折叠占用较少空间。

⑥卷帘门　有手动和自动，正卷和反卷之分，开启时不占用空间。

⑦翻板门　外表平整，不占空间，多用于仓库、车库。

此外，门按所在位置又可分为内门和外门。

（3）门的尺寸

门的宽度和高度尺寸是由人体平均高度、搬运物体（如家具、设备）、人流股数、人流量来确定。门的高度一般以300mm为模数，特殊情况可以100mm为模数。常见2000、2100、2200、2400、2700、3000、3300mm等。当高超过2200mm时，门上加设亮子。门宽一般以100mm为模数，当大于1200mm以上时以300mm为模数，辅助用门宽为700~800mm。门宽为800~1000mm时常用做单扇门；门宽为1200~1800mm时做双扇门；门宽为2400mm以上时，做四扇门。

6.2.2　窗的作用与分类

1. 窗的作用

（1）采光

各类房间都需要一定的照度，实验证明通过窗的自然采光有益于人的健康，同时也节约能源，所以要合理设置窗来满足不同房间室内的采光要求。

（2）通风、调节温度

设置窗来组织自然通风、调换空气，可以使室内空气清新，同时在炎热夏季也可以起到调节室内温度作用，使人舒适。

（3）观察、传递

通过窗可观察室外情况和传递信息，有时还可以传递小物品，如售票、售物、取药等。

（4）围护

窗不仅开启时可通风，关闭时还可以起到控制室内温度，如冬季减小热量散失，避免自然侵袭如风、雨、雪等，还可起防盗等围护作用。

（5）装饰

窗占整个建筑立面比例较大，对建筑风格起到至关重要的装饰作用。如窗的大小、形状、布局、疏密、色彩、材质等直接体现着建筑的风格。

2. 窗的分类

（1）按窗所使用材料的分类

分为木窗、钢窗、铝合金窗、塑钢窗、玻璃钢窗等。木窗制作方便、经济、密封性能好、保温性高，但相对透光面积小，防火性很差、耐久性能低、易变形、损坏等。钢窗密封性能差、保温性能低、耐久性差、易生锈等。故目前木窗、钢窗应用很少，被铝合金窗和塑钢窗所取代，因为它们具有重量轻、耐久性能好、刚度大、变形小、不生锈、开启方便、美观等优点，但成本较高。

（2）按其开启方式分类（图6-5）

①平开窗 有内开、外开之分，构造简单，制作、安装、维修、开启等都比较方便，是以前常见的一种开启方式，易变形。

②推拉窗 窗扇沿导槽可左右推拉，不占空间，但通风面积减小，目前铝合金窗和塑钢窗普遍采用这一种开启方式。

③悬窗 依悬转轴的位置不同分为上悬窗、中悬窗和下悬窗三种。为防雨水飘入室内，上悬窗必须引开，中悬窗上半部内开、下半部外开，有利通风开启方便，适于高窗，下悬窗必须内开，同时占用室内较多空间。

④立转窗 窗扇可以绕竖向轴转动，竖轴可设在窗扇中心，也可以略偏于窗扇一侧，通风效果较好。

⑤固定窗 仅用于采光、观察、围护。

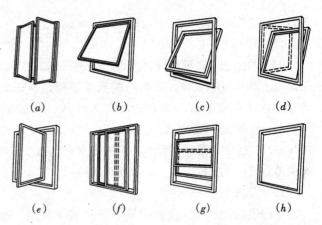

图6-5 窗的开启方式
(a) 平开窗；(b) 上悬窗；(c) 中悬窗；(d) 下悬窗；(e) 立转窗；(f) 水平推拉窗；(g) 垂直推拉窗；(h) 固定窗

3. 窗的尺寸

窗的尺寸大小是由建筑的采光、通风要求来确定，即窗的宽度和高度。具体取决于采光系数即窗地比（采光面积与房间地面面积之比），不同房间根据使用功能的要求，有不同的采光系数，如：居住房间1/8~1/10、教室1/4~1/5、会议室1/6~1/8、医院手术室1/2、走廊和楼梯间等1/10以下。窗的尺寸一般以300mm为模数。

6.3 木门窗的构造

6.3.1 木门窗的优缺点

木门窗具有封闭性较好、易于加工、造价低等优点。由于木材强度较低，所以木门窗的尺寸规格不宜过大。受气候条件变化易产生较大变形，易腐烂不耐久，因此室内木门应用较多。木窗的采光面积小，因此目前已很少采用，同时也浪费资源。目前已有利用秸秆等为原料的新型材料制成的木门的替代产品，随着新型材料的不断开发，木门窗将会越来越少使用。

6.3.2 木门窗的细部构造

1. 平开木门的组成与构造

平开木门是普通建筑中最常用的一种，它主要由门框、门扇、亮子、五金等组成,如图6-6所示。

(1) 门框

门框由上框、边框组成,当设门的亮子时,应加设中横档。三扇以上则加设中竖框,每扇门的宽度不超过900mm。其截面尺寸和形状取决于开启方向、裁口大小等,一般裁口深度为10~12mm,单扇门框断面为60mm×90mm,双扇门60mm×100mm,其断面如图6-7所示。门框安装分为立口和塞口两种,其构造处理同木窗框一致,如图6-8所示。

(2) 门扇

依门扇构造不同,民用建筑中常见有夹板门、镶板门、拼板门等形式,也是门命名的依据。

①夹板门 是用方木钉成横向和纵向的密肋骨架,在骨架两面贴胶合板、硬质纤维板、塑料板等而成。为提高门的保温、隔声性能,在夹板中间填入矿物毡等,如图6-9所示。

②镶板门 是由骨架(上冒头、下冒头、中冒头、边梃)组成,在骨架内镶入门芯板(木板、胶合板、纤维板、玻璃等)。木板作为门芯板通常又称为实木门。门芯板端头与骨架裁口内留一定空隙以防板吸潮膨胀鼓起,下冒头比上冒头尺寸要大,主要是因为靠近地面易受潮、破损。门扇的底部要留出5mm空隙,以保证门的自由开启,如图6-10所示。

③拼板门 其构造类似于镶板门,只是芯板规格较厚一般15~20mm,坚固耐久、自重大,中冒头一般只设一个或不设,有时不用门框,直接用门铰链与墙上预埋件相连。此外,有时还可以用钢、木组合材料制成钢木大门,用于防盗时,可利用型钢作成门框,门扇是钢骨架外用1.5mm厚钢板,经高频焊接在门扇上,内设若干个锁点。

(3) 五金零件及附件

平开木门上常用五金有:铰链(合页)、拉手、插锁、门锁、铁三角、门碰头等。五金零件与木门间采用木螺丝固定,门碰头,如图6-11(a)所示;各类闭门器,如图6-11(b)所示;门把手和把手门锁,如图6-11(c)所示。

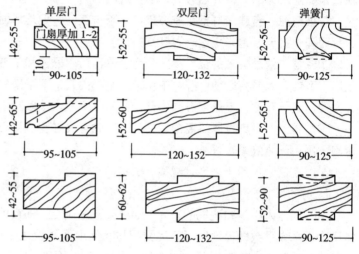

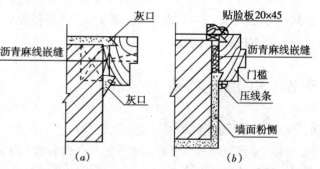

图6-6 平开木门的组成(上)

图6-7 平开门门框断面形状与尺寸(中)

图6-8 门框的安装与接缝处理(下)

(a)墙中预埋木砖用钢钉固定;(b)灰缝处加压缝条和贴脸板

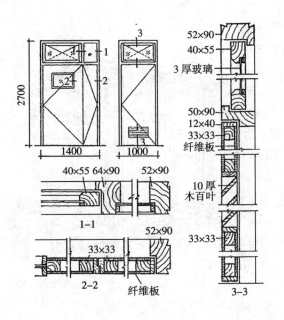
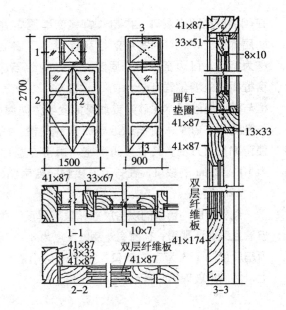

此外，木门附件主要有木质贴脸板、筒子板等。

2. 平开木窗的组成与构造

木窗主要是由窗框、窗扇及五金零件等组成，如图6-12所示，其构造如图6-13所示。

（1）窗框

断面尺寸主要依材料强度、接榫需要和窗扇层数（单层、双层）来确定。安装方式有立口和塞口两种。施工时先将窗框立好后砌筑窗间墙，称为立口；

图6-9　夹板门的构造（左）

图6-10　镶板门的构造（右）

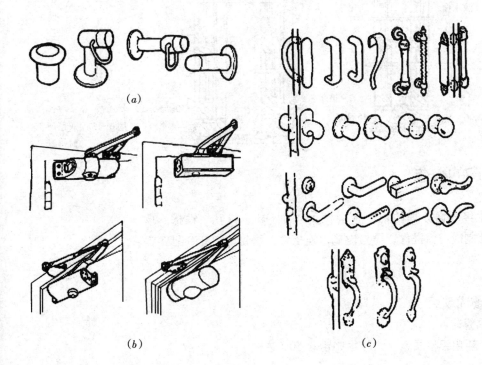

图6-11　门的五金
(a) 门碰；(b) 闭门器；(c) 拉手

在砌墙时先留出洞口，再用长钉将窗框固定在墙内预埋的防腐木砖上，也可用膨胀螺栓直接固定于墙上的施工方法称为塞口，每边至少两个固定点，且间距不应大于 1.2m。窗框相对外墙位置可分为内平、居中、外平三种情况。窗框与墙间缝隙用水泥砂浆或油膏嵌缝。为防腐耐久、防蛀、防潮变形，通常木窗框靠近墙面一侧开槽，防腐处理。为使窗扇开启方便，又要关闭严密，通常在窗框上做深度约为 10~12mm 的裁口，在与窗框接触的窗扇侧面做斜面。

（2）窗扇

扇料断面与窗扇的规格尺寸和玻璃厚度有关，为了安装玻璃且又保证严密，在窗扇外侧做深度为 8~12mm 且不超过窗扇厚度的 1/3 为宜的铲口，将玻璃用小铁钉固定在窗扇上，然后用玻璃密封膏镶嵌成斜三角。

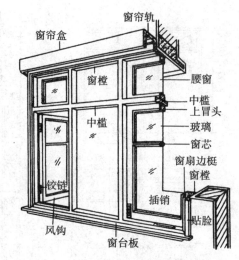

图 6-12　木窗的组成

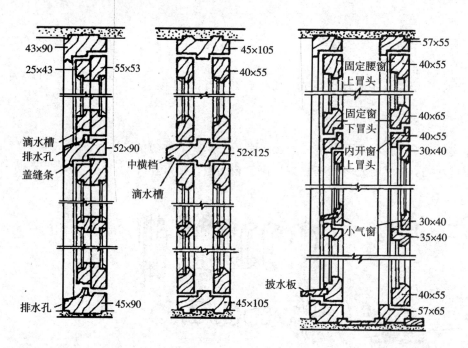

图 6-13　双层平开木窗构造

6.4　铝合金门窗的构造

铝合金门窗是由经表面处理的铝合金型材，经过下料、打孔、铣槽、攻丝、安装等加工工艺制成门窗框件，再与玻璃、连接件、密封件、五金配件等组装而成。

6.4.1　铝合金门窗优缺点

1. 铝合金门窗质量轻

每平方米铝合金耗用铝材质量平均较木门窗轻 50% 左右。

2. 铝合金门窗密封性能好

铝合金门窗的气密性、水密性、隔声性、隔热性比钢、木门窗有显著提高；尤其保温铝门窗基本满足了在建工程的需要，保温、隔热、隔声性能好，且防结露，节能50%左右，是绿色环保产品。

3. 铝合金门窗耐腐蚀、坚固耐用

铝合金门窗表面不需要涂涂料，氧化层不退色、不脱落，因此其使用寿命在八十年左右，损坏后还可回收重新冶炼。

4. 稳定性能好

铝合金面膜阻燃、防火性能好，采用双玻 LOW – E 的穿条式节能窗，可平开、平开下悬，结构形式可根据需要改变，是铝合金窗节能保温型通用的一种，保温、隔热、隔声、气密、水密、抗风压性能好。

5. 色泽美观

铝合金表面经过氧化着色处理，可以制成银白色，也可以制成各种颜色或花纹，使门窗美观新颖。

6. 便于工业化生产

铝合金门窗从框料型材加工、配套零件及密封件的制作，到门窗装配试验，都可以在工厂内进行大批量生产，有利于门窗产品设计标准化、产品系列化、零配件通用化，有利于实现门窗产品商品化。

7. 成本高、保温隔热性能较差

优质铝合金门窗生产成本较高，是普通铝合金门窗的3~4倍，普通铝合金门窗的保温隔热性能较差，应用受到一定影响。

6.4.2 铝合金门窗的细部构造

1. 铝合金门的构造

铝合金门的门框、门扇均用铝合金型材制作，避免了其他金属（如钢门）易锈蚀、密封性差、保温性能差的不足。为改善铝合金门的热桥散热，可在其内部夹泡沫塑料的新型型材，门可以采用推拉开启和平开，为了便于安装，一般先在门框外侧用螺钉固定钢质锚固件另一侧固定在墙体四周，其构造与铝合金窗基本类似，如图6-14所示。门扇的构造及玻璃的安装同铝合金窗的构造，如图6-15所示。

2. 铝合金窗的构造

铝合金窗的开启方式有平开、推拉、立转窗、固定窗等，目前较多采用水平推拉式铝合金窗，主要由窗扇、窗框、五金零件组成，如图6-16所示，推拉式铝合金窗的构造，如图6-17所示。

（1）窗扇

窗扇由上横、下横、边框、带钩边框及密封条等组成。窗扇连接时，先将边框、带钩边框（与上、下横连接）的端处，进行切口处理，以便把上下横插入切口内固定，如图6-18所示。

下横、滑轮与边框的拼装 在每条下横的两端各安装一

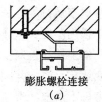

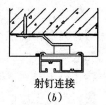

图6-14 门框与墙体连接构造
(a) 膨胀螺栓固定；
(b) 钢钉固定

膨胀螺栓连接 (a) 　　射钉连接 (b)

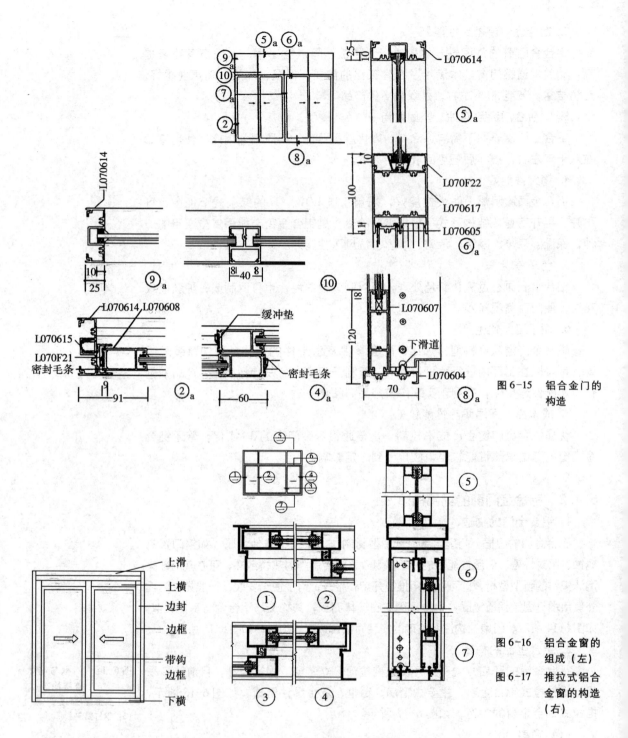

图 6-15 铝合金门的构造

图 6-16 铝合金窗的组成（左）

图 6-17 推拉式铝合金窗的构造（右）

只滑轮，滑轮框上有调节螺钉的一面向外，并与下横的端头平齐，用滑轮配套螺钉将滑轮固定在下横内。在边框、带钩边框与下横衔接端打三个孔，上下两孔应与下横内的滑轮框上的孔位对应，中间孔为调整螺钉的工艺孔。边框和带钩边框下端与下横底边相平齐，并在其下端中线处，锉出一个 $\phi 8mm$ 的半圆凹槽，为防止边框与窗框下滑道的滑轨相碰，如图 6-19 所示。

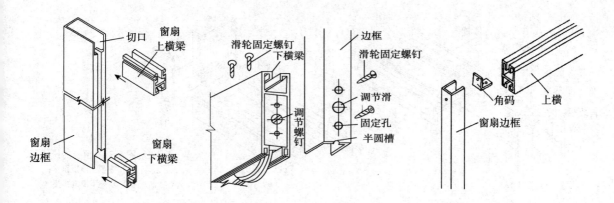

窗扇边框、带钩边框与上横的拼装　通过角码及配套螺钉连接,如图6-20所示。在窗扇边框中间高度处安装窗锁,如图6-21所示。在上下横槽内安装长密封毛条,在边框和带钩边框的钩部槽内安装短密封毛条。

窗扇玻璃的安装　一般玻璃长宽方向尺寸要比窗扇内侧尺寸大25mm,从窗扇一侧将玻璃装入内侧,并将边框连接紧固。最后在玻璃与窗扇槽之间用塔形橡胶条或玻璃胶密封。

图6-18　窗扇的连接（左）

图6-19　窗扇下横的安装（中）

图6-20　窗扇上横的安装（右）

（2）窗框

窗框是由上滑道、下滑道及两侧的边封组成。

窗框的拼接　先将碰口胶垫安放在边封槽内,再用 M4×35mm 的自攻螺钉穿过边封上的孔和碰口胶垫上的孔,旋进上下滑道的固紧槽孔内,并保证滑道与边封对齐,各槽对正。窗框四角校正成直角后,上紧各角的衔接自攻螺钉,如图6-22所示。其中图6-22（a）是窗框上滑道连接与拼装；图6-22（b）是窗框下滑道连接与拼装。

窗框的安装　先将砖墙窗洞口用水泥砂浆抹平,并保证洞口尺寸比窗框尺寸每边均大 25~35mm。在窗框的外侧安装固定片,厚度不小于1.5mm,宽度

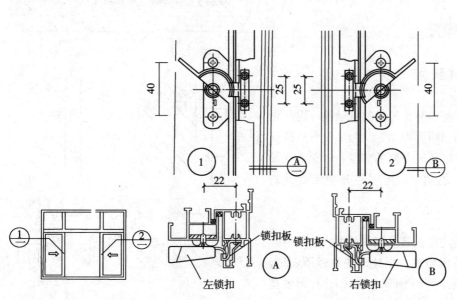

图6-21　窗锁的安装

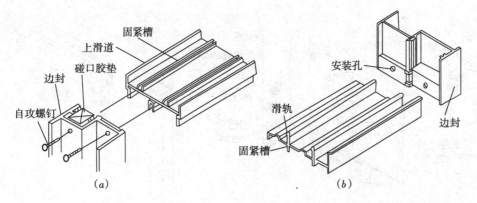

图6-22 窗框的拼装
(a) 窗框上滑道拼接；
(b) 窗框下滑道拼接

不小于15mm的Q235—A冷轧镀锌钢板，离中竖框、横框的档头不小于150mm的距离，每条边不少于两个，且间距不大于600mm，一般用射钉或膨胀螺栓固定在墙上。如图6-23所示，其中图6-23（a）是用膨胀螺栓固定；图6-23（b）是用钢射钉固定。窗外框与墙体之间的缝隙，应按设计要求填塞，一般用与其材料相容的闭孔泡沫塑料、发泡聚苯乙烯等填塞嵌缝且不得填实，以避免变形破坏。

保温铝合金门窗的隔热及隔声性能高，是在特定设计的铝合金空腔之中灌注有隔热王之称的PU树脂，再将铝壁分离形成断桥阻止了热量的传导。并配合5+9+5的中空玻璃，导热系数K值由普通铝门窗的5.93W/($m^2 \cdot K$)降至2.94W/($m^2 \cdot K$)，使冬季居室取暖与夏季空调制冷节能40%以上。在寒冷的冬季温差在50℃时门窗也不会产生结露现象，从而解决了普通铝合金门窗对室内装饰污染的问题。同时门窗的隔声性能保持在30~40dB之间，使人们在闹市中也能拥有一个宁静温馨的空间。EAH保温门窗铝合金门窗系列产品均采用了等压与四道密封相结合的原理，使其气密性达到国标一级，水密性达到国标二级。

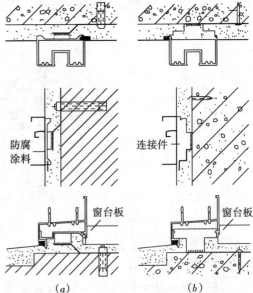

图6-23 窗框与墙体连接
(a) 膨胀螺栓固定；
(b) 钢钉固定

6.5 塑钢窗的构造

6.5.1 塑钢窗的优缺点

1. 可加工性强

在熔融状态下，塑料有比较高的流动性，因此通过模具可以形成精确的断面构造，从而实现窗应具备的功能需要。而且可以形成分割的腔室，以提高成窗的保温、隔声、排水的功能，可以避开增强型钢的锈蚀。

2. 节能

塑料门窗比其他门窗在节能和改善室内热环境方面，有更为优越的技术特性。据建研院物理所测试，单玻钢、铝窗的传热系数为64W/($m^2 \cdot K$)；单玻塑钢窗的传热系数是47W/(m²·K) 左右；普通双层玻璃的钢、铝窗的传热系数是3.7W/(m²·K) 左右；而双玻塑料钢窗传热系数约为2.5W/(m²·K)。门窗占建筑外围护结构面积的30%，其散热量占49%。由此可知，塑钢窗有很好的节能效益。

3. 隔声好

铝合金窗的隔声性能约为19dB，塑钢窗的隔声性能可达到30dB以上。在日益嘈杂的城市环境中，使用塑钢窗可使室内环境更为舒适，要达到同样降低噪声的要求，安装铝合金窗的建筑物与交通干道的距离必须达到50m，而安装塑钢窗达到18m即可。根据北京市劳动保护研究所的检测，使用塑钢窗的室内噪声降到32dB（A），效果是非常好的。由于经济的发展，城市噪声问题越来越严重，而塑钢窗对于改善人们居住和工作的音环境质量是会提供较大贡献的。另外塑钢窗耐腐蚀，可用在沿海、化工厂等腐蚀环境中，普通用户使用也能减少维护油漆的人工和费用。

4. 外观好

能和国内的装饰效果要求相适应，而且人体接触感觉比金属的舒适。由于塑钢门窗有以上的一些突出优点，在我国正在得到大量应用，成为建筑领域的新潮流。

此外，塑钢门窗采用金属骨料增强，全部工艺实现了机械化流水作业，且刚性较大不宜变形，开启灵活。

5. 焊缝易开裂

采用无缝焊接时，焊缝质量较难控制，质量较差时极易开裂、变形和损坏，所以应加强加工制作的质量控制。

6.5.2 塑钢窗细部构造

塑钢窗的开启方式有平开窗、推拉窗、立转窗、固定窗及平开推拉综合窗等。其中平开推拉综合窗可以将水平推拉与平开相互转换，构造较复杂，可弥补推拉窗通风面积小的不足，但造价较高。

塑钢窗由窗扇、窗框及五金零件组成，窗扇和窗框的构造组成与铝合金窗的构造组成相类似，窗扇、窗框的拼装，是采用各组合件之间焊接，焊口的质量一定要保证。窗扇玻璃的安装、窗框与洞口的连接等构造同铝合金窗的构造相同，如图6-24所示。

6.6 遮阳设施

在进行建筑设计时，一定要使建筑物的主要房间具有良好的朝向，以便组织通风和获得良好的日照等。但在炎热的夏季，阳光直射到室内会使室内温度过高并使人产生眩光，从而影响人们正常工作、学习和生活，因此有的建筑需要考虑设置遮阳设施来解决这一问题。

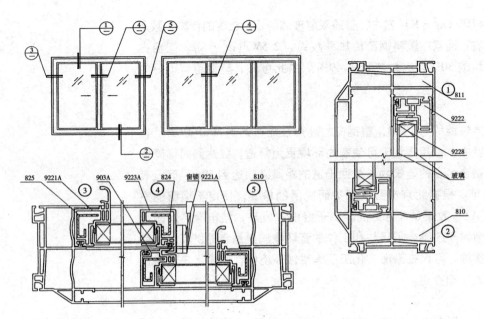

图 6-24 塑钢窗的构造

6.6.1 遮阳的种类及对应朝向

遮阳措施包括绿化遮阳和加设遮阳设施两个方面。绿化遮阳一般用于低层建筑，通过在房屋附近种植树木或攀缘植物。遮阳设施，对于标准较低或临时性建筑，可用油毡、波形瓦、纺织物等作为活动性遮阳；对于标准较高的建筑，从其构造出发设置永久性遮阳，可起到遮阳、隔热、挡雨、丰富美化建筑立面等作用。本节重点讲述永久性遮阳设施。

1. 水平遮阳

设于窗洞口上方或中部，能遮挡从窗口上方射来、高度角较大的阳光，适于朝南向或接近南向的建筑，如图 6-25（a）所示。

2. 垂直遮阳

设于窗两侧或中部，能遮挡从窗口两侧斜射来、高度角较小的阳光，适于东、西朝向的建筑，如图 6-25（b）所示。

3. 综合遮阳

设于窗上部、两侧的水平和垂直的综合遮阳设施，具有上述两种遮阳特点，适于东南、西南朝向的建筑，如图 6-25（c）所示。

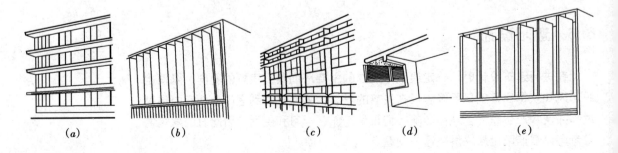

图 6-25 遮阳的基本形式
(a) 水平遮阳；(b) 垂直遮阳；(c) 综合遮阳；(d) 挡板式遮阳；(e) 旋转式遮阳

4. 挡板式遮阳

能遮挡高度角较小，正射窗口的阳光，适于东、西朝向的建筑，如图 6-25（d）所示。

5. 旋转式遮阳

旋转式遮阳可以遮挡任意角度的照射阳光，在距窗外侧一定距离，主要为避免影响窗的开启，设置排列有序的竖向旋转的遮阳挡板，通过旋转角度达到不同遮阳要求，当遮阳挡板与窗成 90°时透光量最大，平行时遮阳效果最好，所以适于任何朝向的建筑，如图 6-25（e）所示。

各种遮阳适用的朝向如图 6-26 所示。

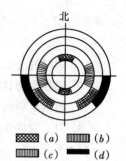

图 6-26 遮阳设施适用的朝向
（a）水平；（b）垂直；（c）综合；（d）挡板

6.6.2 遮阳的构造

遮阳的构造如图 6-27 所示，具体安装方法如下：

①预制或现浇的钢筋混凝土板较普遍采用，一般与房屋圈梁或框架梁整浇或预制板焊接等；

②砖砌遮阳只用于垂直式遮阳，砌在窗两侧突出的扶壁小柱或小墙形成；

③玻璃钢遮阳用螺栓固定在窗洞口上方，安装定型玻璃钢。

此外，还可用磨砂玻璃、钢百叶、塑铝片等遮阳，将其悬挂于窗洞口上方的水平悬挑板下。

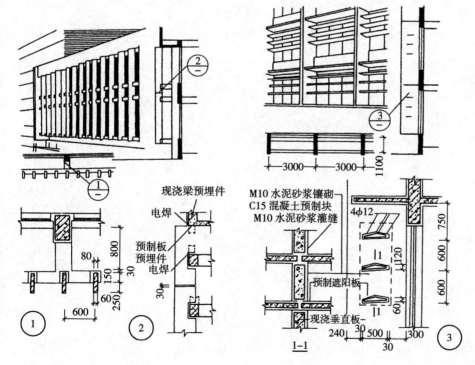

图 6-27 钢筋混凝土遮阳板的构造

复习思考题

1. 木材的分类与基本构造如何?
2. 铝合金型材的特点及其主要性能有哪些?
3. 塑钢材料的构成与主要性能有哪些?有何特点?
4. 门、窗的作用与分类如何?开启方式有哪几种?
5. 平开木门、铝合金门的构造要求有哪些?
6. 平开木窗、铝合金窗、塑钢窗构造要求有哪些?
7. 遮阳的作用是什么?
8. 遮阳的种类及对应关系如何?

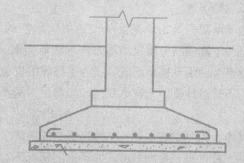

建筑材料与构造

第7章 基础与地下室

7.1 基础

7.1.1 地基与基础

1. 地基与基础的关系

基础与地基具有密不可分的关系，但两者的概念是不同的。基础是建筑物的地下部分，是将结构所承担的各种作用传递到地基的结构组成部分。地基是基础下面承受建筑物总荷载的土壤层，不是建筑物的组成部分。地基承受建筑物荷载而产生的应力和应变是随着土层的深度增加而减少，在达到一定深度以后可以忽略不计。

地基承载力是指地基土单位面积所承担的最大垂直压力（单位为 kPa）。当基础对地基的压力超过地基允许承载能力时，地基将出现较大的沉降变形，甚至地基土会滑动挤出而破坏。为了房屋的安全和稳定，设计时必须满足基底压应力不超过地基的允许承载力，即满足下列不等式：

$$N/A \leq f \tag{7-1}$$

其中 A 为基础底面积；N 为建筑物总荷载；f 为地基承载力。

从上式可见，在地基承载力不变的情况下，建筑物总荷载越大，基础底面积也大。或者说当建筑物总荷载一定的情况下，地基承载力越小，基础底面积越大。

2. 地基的分类

（1）地基的分层

《建筑地基基础设计规范》GB 50007—2002 中规定，作为建筑地基的土层分为：岩石、碎石土、砂土、粉土、黏性土和人工填土。

地基在荷载作用下产生应力和变形，是随着土层深度的增加而减少的，到了一定深度就可以忽略。因此地基中承受压力需要计算的土层叫持力层，持力层以下的土层叫下卧层。持力层和下卧层的厚度及地基承载力都是设计基础的主要因素。

（2）地基分类

地基分为天然地基和人工地基两大类。

天然地基是指不需要人为处理，具有足够承载能力的天然土层，可直接在其上建造基础。如岩石、碎石土、砂土、黏土等均可作为天然地基。

人工地基是指经过人为处理的地基土。当土层承载力及变形均不能满足要求时，必须对土层进行加固，才能作为建筑物的地基。人工地基的加固方法有多种，如压实法、换土法、挤密法、排水固结法、化学加固法、打桩法等。

3. 对地基和基础的要求

（1）地基的强度方面的要求

地基具有足够的承载力，才能承受建筑物的全部荷载，不发生剪切破坏。

（2）地基的变形方面的要求

地基沉降均匀，才能保证建筑物沉降均匀。若地基土质不均匀，会给基础设计增加困难。若地基处理不当，将会使建筑物发生不均匀沉降而引起墙身开裂，甚至影响建筑物的使用。

（3）地基稳定方面的要求

地基应具有防止产生滑坡、倾斜方面的能力。必要时（如有较大的高差）应设计挡土墙，以防止滑坡变形的出现。

（4）基础强度与耐久性的要求

基础所用的材料必须具有足够的强度，才能保证基础能够承担建筑物的荷载并传递给地基。另外，基础是埋在地下的隐蔽工程，在土中受潮、侵水，且建成后检查和加固很困难，所以在选择基础的材料和构造形式等问题时应与上部结构的耐久性相适应。

（5）基础的防潮、防水和抗冻等方面的要求

基础应具有较高的防潮、防腐蚀和防冻能力，以便抵抗冰冻和地下水的侵蚀。

（6）基础工程应满足经济性的要求

基础工程约占建筑物总造价的10%~35%，降低基础工程的投资是降低工程总投资的重要一环。因此，在设计中应选择较好的土质地段，当地段不能选择时，应就近采用地方材料，减少运输费用，并采用恰当的形式及构造方法，从而节约工程投资。

7.1.2 基础的埋置深度及影响因素

1. 基础的埋置深度

建筑物室外设计地面到基础底面的距离称为基础埋置深度，如图7-1所示。

基础埋置深度小于等于5m的称为浅基础，大于5m的称为深基础。浅基础构造简单、施工方便、造价低廉且不需要特殊施工设备，所以在确定基础埋深时应优先选择该基础。只有在表层土质极弱，总荷载较大，或其他特殊情况下，才选用深基础。基础埋深越小，工程造价越低。但当基础埋深过小时，地基受到压力后有可能将四周的土挤走，使基础失稳。基础埋深过小，还易受各种侵蚀和机械破坏而导致基础暴露影响建筑的安全。基础的最小埋置深度不应小于500mm。

2. 影响基础埋置深度的因素

（1）建筑物的特点及使用性质

建筑物的特点是指多层建筑还是高层建筑，有无地下室、设备基础结构类型等。一般来说，高层建筑的基础埋置深度应是地上建筑物总高度的1/10左右，而多层建筑的基础埋置深度则依据地下水及冻土深度等来确定。

（2）工程地质的影响

工程地质状况往往可以决定基础的埋置深度，一般

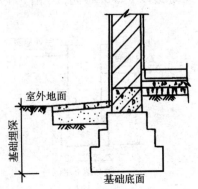

图7-1 基础埋置深度

当上层土的承载力高时，就应选择上层土作为持力层，基础应浅埋。若其下有软弱土层时，基础则依软弱土层的厚度确定其埋深。当软弱土层较薄时，基础穿过软弱土层埋在好土层上；当软弱土层厚度 2~5m 时，可采用扩大基础底面积加强上部结构的方法，做成浅基础；当软弱土层厚度大于 5m 时，可利用软土作地基，并对基础以下一定范围内的软土作换土处理，做成浅基础，也可做成深基础，如图 7-2 所示。

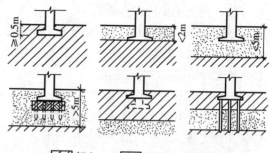

图 7-2 不同地质情况下基础埋深

（3）地下水位的影响

地基土含水量的大小对承载力的影响很大，所以地下水位的高度直接影响地基承载力。当地下水位不高时，基础应埋在最高水位线以上，以便于施工。当地下水位较高基础不能埋置在地下水位以上时，考虑有侵蚀性物质的地下水对基础的腐蚀，应将基础底面埋置在最低地下水位 200mm 以下，如图 7-3 所示。埋在地下水位以下的基础，其所用材料应具有良好的耐水性能，如选用石材、混凝土等。当地下水含有侵蚀性物质时，基础应采取防腐蚀措施。

（4）土的冻结深度的影响

土的冻结深度，主要是由当地的气候条件决定的。由于各地区气温不同，冻结深度也不同。严寒地区冻结深度很大，如哈尔滨可达 1.9m；温暖和炎热地区冻结深度则很小甚至不冻结，如上海仅为 0.12~0.2m。

土的冻结是由于土中水分冻结造成的，水分冻结成冰体积增大，这种现象称为冻胀。冻土融化后产生的沉陷，这种现象称为融陷。土的冻胀和融陷会使建筑物隆起和下沉，导致建筑物破坏，形成冻害。

土的冻胀程度与土颗粒粗细、含水量、地下水位高低等因素有关。地基土按冻胀性分为不冻胀土、弱冻胀土、冻胀土和强冻胀土。碎石、卵石、粗砂、中砂等颗粒较粗，颗粒间孔隙较大，水的毛细作用不明显，冻而不胀或冻胀轻微，其埋深可不考虑冻胀的影响。粉砂、粉质黏土等颗粒细、孔隙小，毛细作用显著，具有冻胀性，此类土称为冻胀土。冻胀土中含水量越大冻胀越严重，地下水位越高，冻胀也越强烈。因此，对于有冻胀性的地基土，基础应埋置在冰冻线以下 200mm 处，如图 7-4 所示。

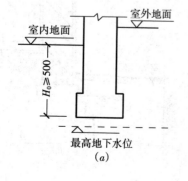

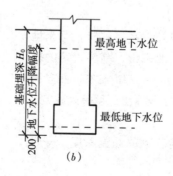

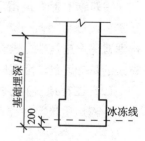

图 7-3 地下水对基础的影响（左）
（a）基础埋于地下水位以上；（b）基础埋于地下水位以下

图 7-4 土的冻结深度与基础埋深（右）

（5）相邻建筑物基础埋深的影响

在已建房屋附近建造房屋时，要考虑新建房屋荷载对原有房屋基础的影响。为保证原有房屋的安全和正常使用，新建房屋的基础埋深应小于或等于原有房屋的基础埋深，当新建房屋的基础埋深必须大于原有房屋的基础埋深时，应满足下列条件：$L \geqslant (1 \sim 2.0) \Delta d$（$L$ 为两基础间距，Δd 为两基础底面高差），如图 7-5 所示。

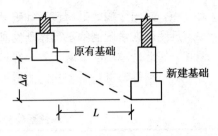

图 7-5 相邻基础埋深的关系

7.1.3 基础的类型与构造

基础的类型与建筑物上部结构形式、荷载大小、地基的承载力、地基土的水文地质、基础所用的材料性能等有关。基础按材料及受力特点可分为刚性基础、柔性基础；按构造形式可分为独立基础、条形基础、筏形基础、箱形基础、桩基础等。

1. 按材料及受力特点分类

（1）刚性基础

指用混凝土、毛石、毛石混凝土等材料建成的基础。它们的抗压强度大，而抗拉、抗剪强度小，因此应保证这些基础的基底受压而不受拉。由于地基承载力的限制，基底宽度要大于墙或柱的宽度，如图 7-6 所示。地基承载力越小，基底宽度就越小。当 b 很大时，基础挑出部分 b_2 也很大，此时基础底部因受拉而破坏。

试验表明，刚性基础中墙或柱传来的压力是沿一定角度分布的。在图 7-6（b）中其墙宽为 b_0，压力分布至底面宽度为 b_1，即在 b_1 范围内基础底面受压而不受拉。压力分布角度 α 称为刚性角。在基础设计时，应控制基础挑出长度 b_2 与 H_0 之比（通常称宽高比），以满足基础底面不超过刚性角范围，在刚性角的控制范围内，基础底面不会产生拉应力，基础不会破坏。如果基础底面宽度超过刚性角控制范围，从基础受力方面分析，挑出的基础相当于一个悬臂梁，基础的底面将受拉。当拉应力超过基础的抗拉强度时，基础底面将因受拉

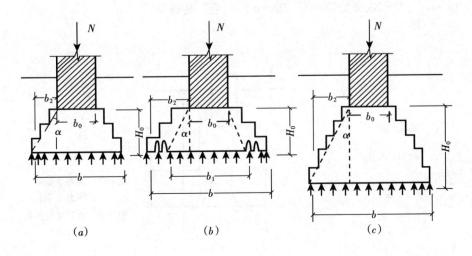

图 7-6 刚性基础受力特点

而开裂,并由于裂缝扩展使基础破坏。

凡受刚性角限制的基础称刚性基础。常用于建筑物荷载较小,地基承载力较好、压缩性较小的地基上。一般用于多层民用建筑以及墙承重的轻型厂房。各种材料刚性基础台阶宽高比的容许值见表7-1。

刚性基础台阶宽高比的容许值　　　表7-1

基础名称	质量要求	台阶宽高比的容许值		
		$P \leq 100$	$100 < P \leq 200$	$200 < P \leq 300$
混凝土基础	C10	1:1.00	1:1.00	1:1.25
	C7.5	1:1.00	1:1.25	1:1.50
毛石混凝土基础	C7.5~C10	1:1.00	1:1.25	1:1.50
毛石基础	M2.5~M5	1:1.25	1:1.50	
	M1	1:1.50		

注:P为基础底面处的平均压力(kPa)。

1)混凝土基础

混凝土基础具有坚固、耐久、耐腐蚀、耐水、刚性角大等特点,可用于地下水位较高和有冰冻的地方。由于混凝土是可塑的,基础断面形式可做成矩形、阶梯形和锥形。为了方便施工,阶梯形断面的台阶宽度与高度应为300~400mm,刚性角α为45°;当基础底面宽度大于2000mm时,还可做成锥形。锥形断面的边缘高度应不小于150mm,锥形断面的斜面与水平面的夹角应不小于45°。混凝土基础的构造如图7-7所示。

2)毛石基础

毛石基础是由未经人为加工无风化的天然石块和砂浆砌筑而成。毛石基础具有抗压强度高、抗冻、耐水性、抗腐蚀性能好等优点,故可以用于地下水位较高、冻结深度较大的低层或多层民用建筑。但因其整体性欠佳,有震动的房屋很少采用。

毛石的基础剖面形式多为阶梯形,如图7-8所示。基础顶面要比墙或柱每边宽出100mm,基础的宽度、每个台阶的高度均不宜小于400mm,每个台阶挑出的宽度不应大于150mm。当基础底面宽度小于700mm时,毛石基础可做成矩形截面。

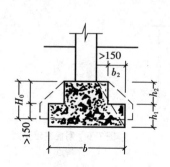

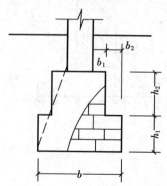

图7-7 混凝土基础的构造(左)

图7-8 毛石基础的构造(右)

3）毛石混凝土基础

为了节约混凝土用量，对于体积较大的混凝土基础，可以在浇筑混凝土时加入20%～30%的粒径不超过300mm的毛石，这种基础称为毛石混凝土基础。所用毛石尺寸一般不大于基础宽度的1/3，且毛石在混凝土中应分布均匀，如图7-9所示。

（2）柔性基础

采用刚性材料的基础，因受刚性角限制，基础宽度很大时，基础的埋深就会增大，这样就会增加基础材料消耗，影响施工工期，增加工程造价，如图7-10所示。在混凝土基础底部配置受力钢筋，利用钢筋受拉，基础就能够承受弯矩，不受刚性角限制。故钢筋混凝土基础就称为柔性基础，如图7-11所示。

钢筋混凝土基础断面可做成锥形，基础边缘的最小高度应不小于200mm；也可做成阶梯形，每阶高度300～500mm。钢筋混凝土基础可尽量浅埋，这种基础相当于一个受均布荷载的悬臂梁，受力钢筋的数量应通过计算确定，但钢筋直径不宜小于8mm，混凝土强度等级不宜低于C15。为使基础底面均匀传递对地基的压力，常在基础底面用C7.5或C10的混凝土做垫层，其厚度宜为70～100mm。有垫层时，钢筋距基础底面的保护层厚度不宜小于35mm；不设垫层时，钢筋距基础底面不宜小于70mm，以保护钢筋免遭锈蚀。

2. 按基础的构造形式分类

基础形式应受上部结构形式、荷载大小、地基承载力等情况确定，所以选用什么样的基础需综合考虑材料、地质、水文、荷载、结构等方面的因素。基础的构造形式主要有独立基础、条形基础、筏形基础、箱形基础、桩基础等。

（1）独立基础

独立基础呈柱墩形，它可用于柱下也可用于墙下。

1）柱下独立基础

根据上部承重结构所用的材料不同，其可分为刚性和柔性基础。

当建筑物为砌体结构承重时，基础常采用刚性材料独立基础，断面形式为阶梯形、锥形，如图7-12所示。

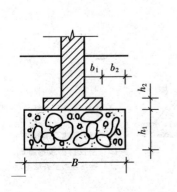
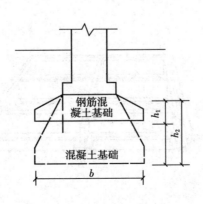
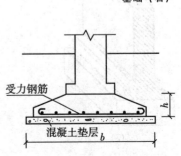

图7-9 毛石混凝土基础（左）

图7-10 钢筋混凝土基础与混凝土基础对比（中）

图7-11 钢筋混凝土基础（右）

当建筑物为框架结构或单层排架结构承重时,且柱间距较大,基础常采用钢筋混凝土柔性材料独立基础。常用的断面形式有阶梯形、锥形、杯形等,其优点可减少土方工程量,便于管道穿过,节约材料。但独立基础间无构件连接,整体性较差,因此,适用于土质均匀的框架结构建筑。当柱采用预制构件时,则基础做成杯口形,柱插入并嵌固在杯口内,故又称为杯形基础,如图7-13所示。

2)墙下独立基础

当墙下条形基础埋置很深时,基槽开挖土方量增大,这时可采用墙下独立基础。其构造做法是在墙的转角、纵横墙交接处以及墙下的适当部位设置独立基础,独立基础之间设置钢筋混凝土梁、钢筋砖梁、砖拱等承托上部墙体,独立基础的距离一般3~5m,如图7-14所示。

(2)条形基础

条形基础也称为带形基础。当建筑物为砖或石墙承重时,承重墙下一般采用长条形基础。条形基础具有较好的纵向整体性,可减缓局部不均匀下沉。一般中、小型建筑常采用刚性材料或钢筋混凝土的条形基础,如图7-15所示。

当建筑物为框架结构柱承重时,若柱间距较小或地基较弱,也可采用柱下条形基础,即将柱下的基础连接在一起,使建筑物具有良好的整体性。柱下条形基础还可以有效地防止不均匀沉降,如图7-16(a)所示。

当框架结构处于地基条件较差或上部荷载时,为了提高建筑物的整体刚度,避免不均匀沉降,常将独立基础沿纵横向连接在一起,形成十字交叉的井格基础,如图7-16(b)所示。

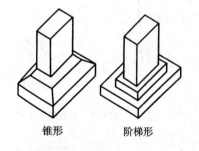
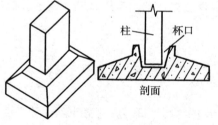
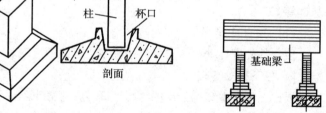

图7-12 刚性材料独立基础(左)
图7-13 杯形基础(中)
图7-14 墙下独立基础(右)

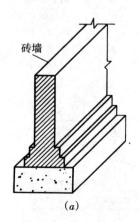
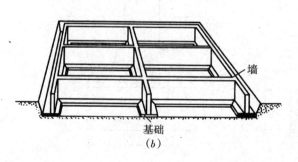

图7-15 墙下条形基础
(a)刚性材料条形基础;
(b)钢筋混凝土条形基础

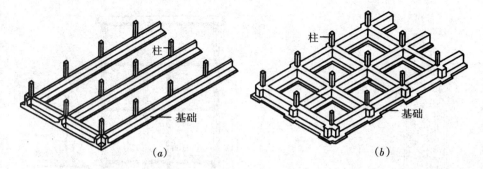

图 7-16 柱下钢筋混凝土条形基础
(a) 柱下条形基础；
(b) 柱下十字交叉基础

(3) 筏板基础

当建筑物的上部荷载较大、地基较低时，如采用条形基础或井格基础不能满足要求时，常将墙或柱下条形基础连成一片，使建筑物的荷载承受在一块整板上，这种基础即为筏形基础。筏形基础有平板和梁板式两种，前者板的厚度大、构造简单；后者板的厚度较小，但增加了双向梁，构造较复杂，如图 7-17 所示。

(4) 箱形基础

当筏板基础埋置较深，并有地下室时，可采用箱形基础。箱形基础是由底板、顶板、侧墙及一定数量的内墙构成的刚度较好的钢筋混凝土箱形结构，是高层建筑的一种较好的基础形式，如图 7-18 所示。

(5) 桩基础

当建筑物上部荷载较大，地基的软弱土层厚度大于 5m，基础不能埋在软弱土层内，或对软弱土层进行人工处理困难和不经济时，常采用桩基础。

桩基础种类很多，按材料可分为木桩、钢筋混凝土桩、钢桩等；按桩的断面形状可分为圆形、方形、环形、多边形、工字形等；按桩入土的方法可分为打入桩、灌注桩、振入桩等；按桩的受力性能可分为端承桩和摩擦桩两种，如图 7-19 所示。

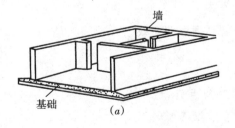

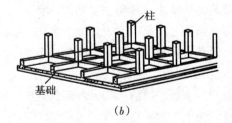

图 7-17 筏板基础
(a) 板式筏板基础；
(b) 柱下梁板式筏板基础

图 7-18 箱形基础

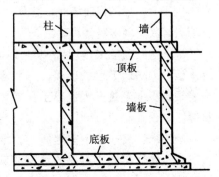

7.2 地下室

地下室是建筑物处于室外地面标高以下的房间，或称为建筑物底层以下的房间。它在不增加建筑物地面以上高度的情况下增加房屋建筑面积，又节约土地，特别是设有箱形基础的建筑物，箱形基础内部空间可作地下室。地下室可建造成一般房间，也可做机房、人防工程等，如图 7-20 所示。

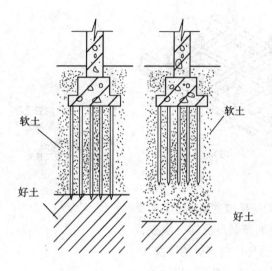
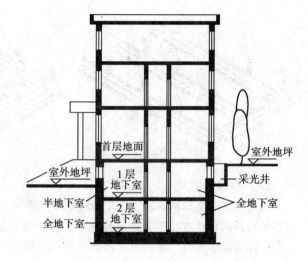

图 7-19 桩基础（左）
图 7-20 地下室示意（右）

7.2.1 地下室的类型和构造组成

1. 地下室的类型

地下室的类型很多，按功能可分为普通地下室和人防地下室；按埋入地下深度可分为全地下室和半地下室；按材料可分为砖混结构地下室和钢筋混凝土结构地下室。

普通地下室是建筑物地面层次向下的延伸。可以满足各种使用功能的要求，如居住、办公、食堂、储藏等。人防地下室应按人防管理部门的要求建造，还要考虑和平时期的房屋使用，以提高其利用率。

全地下室是指地下室的地面与室外地坪面的高差超过该房间净高的1/2的地下室。人防地下室多采用这种类型。半地下室是指地下室的地面与室外地坪面的高差超过该房间净高的1/3且不超过1/2的地下室。这种地下室一部分在地面以上，采光和通风易于解决，多用于普通地下室。

砖混结构地下室，用于上部荷载不大及地下水位较低的情况。当上部荷载较大、地下水位较高时常采用钢筋混凝土结构的地下室。

2. 地下室的构造组成

地下室由墙、底板、顶板、门窗和楼梯等部分组成，如图7-21所示。

地下室的墙不仅承受上部的垂直荷载，还承受土、地下水及土壤冻胀时产生的侧压力。故采用砖墙时，其厚度不小于490mm。当采用混凝土或钢筋混凝土墙时，其厚度应经计算确定。

地下室的顶板采用现浇和与预制的钢筋混凝土板。人防地下室的顶板，一般应为现浇板或者预制板上浇筑一层混凝土，其厚度符合计算确定。

地下水位高于地下室地面时，地下室的底板不仅承受作用在它上面的垂直荷载，还须承

图 7-21 地下室构造组成

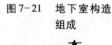
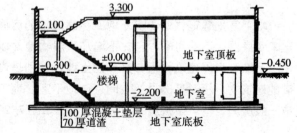

受地下水的浮力，此时常采用钢筋混凝土底板，并应有足够的强度、刚度和抗渗能力。

地下室沿外墙设置的窗与地面以上外墙的窗相同，人防地下室一般不允许设窗。地下室的窗在地面以下时，为达到采光和通风的目的，常设采光井。门的开设应符合相应等级的防护要求。

地下室的楼梯，可与地面部分的楼梯间结合设置，多采用单跑楼梯。一个地下室至少有两个楼梯间通向地面。人防地下室也应有两个出口通向地面，一个与地面部分楼梯间相结合，另一个必须是独立的安全出口。

7.2.2 地下室的防潮

地下室的墙身、底板长期受到地潮或地下水的浸蚀，如处理不当，轻则因潮湿引起墙面灰皮脱落、墙面霉变，影响人的健康；重则因渗漏充水，影响其使用，降低建筑物的耐久性。因此设计人员应根据地下水的情况和工程的要求，对地下室设计采取相应的防潮、防水措施。

1. 地下室的防潮

当地下水常年水位和最高水位都在地下室地面标高以下时，如图7-22（a）所示。地下水位不可能直接侵入室内，墙和地面仅受土层中地潮的影响。对于砖墙，墙体必须采用水泥砂浆砌筑，灰浆饱满，在墙面外侧设垂直防潮层。做法是在墙外侧抹20mm厚水泥砂浆找平层后，涂刷冷底子油一道及热沥青两道，然后回填低渗透性的土壤，如黏土、灰土等，并逐层夯实，土层的宽度500mm左右。此外，在墙身与地下室地面及地下室内地面之间设墙身水平防潮层，以防止土中潮气和地面雨水因毛细作用沿墙体上升而影响结构。

地下室所有的墙体都必须设两道水平防潮层，一道设在地下室地坪附近，如图7-22（b）所示；另一道设置在室外地面散水以上150~200mm的位置，以防地下潮气沿地下墙身或勒角侵入室内。

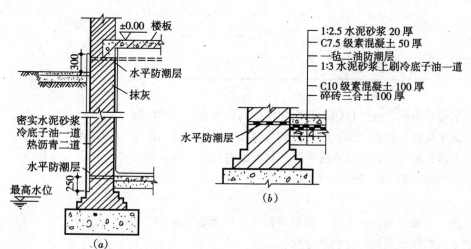

图7-22 地下室防潮处理
(a) 墙身防潮；(b) 地坪防潮

2. 地下室防水

当地下室地面位于常年地下水位以下时,地下室需做防水处理。这时地下室四周墙体及底板均受水压影响,均应有防水功能。常见防水做法按选用的材料的不同,通常有以下四种:

(1) 混凝土自防水

为满足结构和防水的需要,地下室的底板和墙体多采用钢筋混凝土材料。这时以采用防水混凝土材料为最佳。防水混凝土的配制和施工与普通混凝土相同。所不同的是借不同的集料级配,以提高混凝土的密实性;或在混凝土内掺入一定量的外加剂,以提高混凝土自身的防水性能。掺外加剂是在混凝土中掺入加气剂或密实剂以提高其抗渗性能。防水混凝土墙和底板不能过薄,一般墙厚度为200~250mm;底板厚度为150mm以上,如图7-23所示。

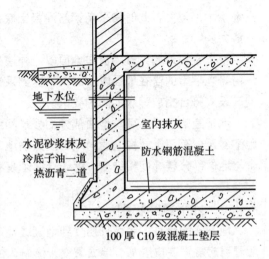

图7-23 混凝土防水处理

(2) 卷材防水

卷材防水能适应结构微量变化和抵抗地下水的一般化学侵蚀,效果比较可靠。防水卷材有高聚物改性卷材(包括APP塑性卷材和SBS弹性卷材)和合成高分子卷材(如三元乙丙-丁基橡胶防水卷材、氯化聚乙烯-橡胶共防水卷材等),各自采用与卷材相适应的胶结材料胶合而成的防水层。

沥青卷材是一种传统的防水材料,有一定的抗拉强度和延伸性,价格较低,但属于热作业,操作不方便,并污染环境,易老化。一般为多层做法,卷材的层数根据水压,即地下水的最大计算水头大小而定,见表7-2。最大计算水头是指地下水位高于地下室底板下皮的高度。

防水层的卷材层数　　　　　表7-2

最大计算水头(m)	卷材所受经常压力(MPa)	卷材层数
<3	0.01~0.05	3
3~6	0.05~0.1	4
6~12	0.1~0.2	5
>12	0.2~0.5	6

按防水材料的铺贴位置不同,分外包防水和内包防水两种类型,如图7-24所示。外包防水是将防水材料贴在迎水面,即外墙的外侧和底板的下面,防水效果好,采用较多,但维修困难。内包防水是将防水材料贴在背水一面,施工方便,易于维修,但防水效果差,多用于修缮工程。

(3) 涂料防水

涂料防水是指在施工现场以刷涂、刮涂、滚涂等方法,将无定型液态冷涂料在常温下涂敷于地下室结构表面的一种防水做法。

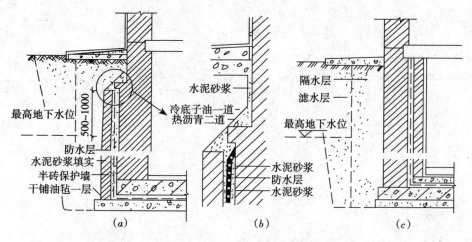

图 7-24 地下室防水处理
(a) 外包防水；(b) 墙身防水层收头处理；(c) 内包防水

防水涂料种类有水乳型（普通乳化沥青、再生胶沥青）、溶剂型（再生胶沥青）和反应型（聚氨酯涂膜）。涂料防水能防止地下无压水（渗流水、毛细水等）及压力不大（水头小于1.5m）的有压水侵入，一般多层敷设。涂料的防水质量、耐老化性能较好。

（4）水泥砂浆防水

水泥砂浆防水是采用合格材料，通过严格多层次交替操作形成的多防线整体防水层或掺入适量外加剂以提高砂浆的密实性。属于刚性防水，适用于主体结构刚度较大，建筑物变形小及面积较小的工程，不适用于有侵蚀性或剧烈震动的工程。

3. 地下室的采光井

一般每个窗设一个，当窗的距离很近时，可将其连在一起。采光井设在采光窗的外侧，采光井由底板、侧墙、遮雨设施和铁篦子组成。底板由混凝土浇筑而成，侧墙可为砖墙或钢筋混凝土墙板。采光井底板应有1%~3%的坡度，把积存的雨水用钢筋水泥或陶管引入地下管网。采光井的上部的应有铸铁箅子或尼龙瓦盖，以防止人员、物品掉入采光井内，如图7-25所示。

复习思考题

1. 什么是地基、基础，两者有什么关系？
2. 对地基和基础的设计要求是什么？
3. 影响基础埋置深度的主要因素有哪些？
4. 什么是刚性角？
5. 基础的类型有哪些？适用条件如何？
6. 地下室的组成及各部分要求是什么？
7. 地下室的防潮、防水的构造做法如何？

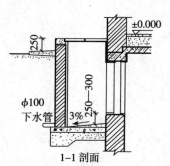
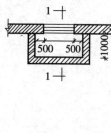

图 7-25 采光井构造示意图

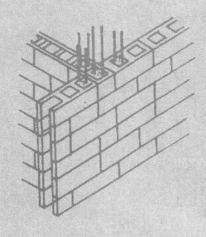

第8章 建筑工业化简介

建筑材料与构造

8.1 建筑工业化概述

8.1.1 建筑工业化的含义

建筑工业化是通过现代化的生产、运输、安装的大工业的生产方式和科学管理,来代替传统的、分散的手工业生产方式。建筑工业化的基本特征:设计标准化、构件生产工厂化、施工机械化、组织管理科学化。其中设计标准化是前提,构件生产工厂化是手段,施工机械化是核心,组织管理科学化是保证。

8.1.2 建筑工业化的类型

工业化建筑体系,一般分专用体系和通用体系两种。专用体系是只能适用于某一种或几种定型化建筑使用的专用构配件所建造的成套建筑体系。它有一定的设计专用性和技术的先进性,但缺少与其他体系配合的通用性和互换性。通用体系是预制构配件、配套制品和连接技术标准化、通用化,是使各类建筑所需的构配件和节点构造可互换通用的商品化建筑体系。

发展建筑工业化,主要采取以下两种途径:

1. 预制装配式建筑

预制装配式建筑是建造房屋用的构配件制品,如同工厂制造的产品一样,用工业化方法生产,然后运到现场进行安装。目前装配式建筑主要有板材、骨架、盒子等结构形式。装配式建筑的主要优点是生产效率高,构件质量好,施工速度快,现场湿作业少,受季节性影响小。

2. 现浇或现浇与预制相结合的建筑

这类建筑中的主要承重构件,如墙体和楼板,全部现浇或其中一种现浇或一种预制装配。其主要优点是结构整体性好,适应性大,运输费用省,可以组织大面积的流水施工,经济效果好,生产基地的一次性投资比全装配少,在一定条件下同样可缩短工期。

8.2 砌块建筑

砌块建筑是指墙用各种砌块砌成的建筑。由于砌块尺寸是砖尺寸的扩大倍数,每砌一块砌块就相当于砌很多块砖,所以生产效率有所提高。制造砌块的材料可用工业废料,既生产了建筑材料,又减轻了环境污染。一般砌块(特别是空心砌块)可以进一步改善墙体保温、隔热性能,同时砌块墙比黏土砖墙薄,可以增加房屋的使用面积约9%,墙的自重可以减轻60%左右。因此,当前砌块广泛用于中小城市中的低层建筑上,也可用在多、高层建筑中的隔墙、填充墙。

8.2.1 砌块建筑的类型

按建筑物所用砌块的大小将砌块建筑分为小型砌块建筑、中型砌块建筑和大型砌块建筑。

由于小型砌块尺寸小，对人工砌筑较为有利，目前砌块建筑以小型砌块建筑为主。中型砌块和大型砌块在施工时要借助搬运和起吊设备，而我国大部分中小型企业仍采用手工砌筑，所以中型砌块和大型砌块较少采用。

8.2.2 砌块墙的构造

砌块墙体的构造和砖墙类似，应分皮错缝，黏土砖可以砍砖，砌块较大不易现砍，搭砌之前应先试摆，不够整砌块处，可用辅助砌块调节错缝，当不能满足错缝要求时，可用普通砖补砌。

1. 砌块接缝

砌块之间的接缝分为水平缝和垂直缝。水平缝有平缝和双槽缝，如图8-1 (*a*)、(*b*) 所示；垂直缝一般为平缝、单槽缝、高低缝、双槽缝等形式，如图8-1 (*c*)、(*d*)、(*e*)、(*f*) 所示。平缝制作简单，但砌筑时不易填实，多用于小型砌块和加气混凝土砌块。高低缝制作也比较简单，砌筑后用细石混凝土将缝填实。槽口缝的形状有方槽和圆槽之分，砌筑时缝内用砂浆填实，采用这种缝型时，墙的整体性好。

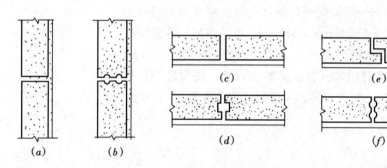

图 8-1 砌块的接缝
(*a*) 水平平缝；(*b*) 水平双槽缝；(*c*) 垂直平缝；(*d*) 垂直单槽缝；(*e*) 垂直高低缝；(*f*) 垂直双槽缝

砌筑砂浆的厚度为 10～15mm，砂浆的强度等级一般不低于 M5。

2. 转角及内外墙的砌缝构造

用砌块砌墙时，砌块之间要搭接，上下皮的垂直缝要错开，搭接的长度为砌块长度的 1/4，高度的 1/3～1/2，并且搭接长度小于 150mm 时，在灰缝中应设 $\phi 4$ 钢筋网片拉结。砌块墙的转角、内外墙拼接处也应以钢筋网片拉结。砌块墙的组砌和拉结如图8-2所示。

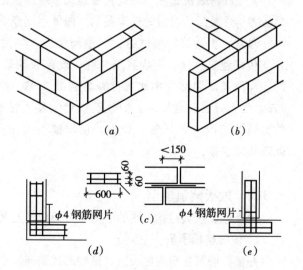

图 8-2 转角及内外墙接缝和拉结
(*a*) 转角；(*b*) 内外墙；(*c*) 错缝长度不足加固；(*d*) 转角加固；(*e*) 内外墙拼接加固

3. 圈梁

为了增强砌块建筑的整体刚度，防止由于地基不均匀沉降对房屋引起的不利影响和地震可能引起的墙体开裂，在砌块墙中应设置圈梁。

在非地震区，当墙厚 $h \leqslant 240$mm 时，檐口标高为 4～5m 时，应设圈梁一道；檐口标高大于

5m时，宜适当增设。住宅、办公楼等多层砌块房屋的外墙、内纵墙、屋盖处应设置圈梁，楼板处宜隔层设置；横墙的屋盖处应设置圈梁，楼盖处宜隔层设置，水平间距不宜大于15m。对有较大的振动设备，或承重墙厚度 $h \leqslant 180m$ 的多层房屋，宜每层设置圈梁。屋盖处的圈梁最好采用现浇钢筋混凝土结构。

在地震设防地区，应将设防烈度提高一度，按砖砌体房屋在地震区设置圈梁的相应规定确定。

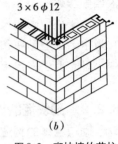

图8-3 砌块墙的芯柱
(a) 内外墙；(b) 转角

4. 芯柱和构造柱

在地震设防地区，为了加强多层砌块房屋墙体竖向连接，增强房屋的整体刚度，应在中小型混凝土空心砌块墙中设置芯柱，在粉煤灰中型砌块墙内设构造柱。

空心砌块墙的芯柱，是在砌块孔内置入竖向插筋，并浇筑混凝土。如图8-3所示是砌块墙设置芯柱的示意图。

对于混凝土小砌块房屋芯柱，一般设置在外墙四角（填实3个孔）、楼梯间四角、大房间内外墙交接处（填实4个孔）、山墙与内纵墙交接处等。粉煤灰中型砌块房屋，应根据增加一层后的层数按砖砌体房屋设置构造柱的要求设置构造柱，其最小截面可采用240mm×240mm。砌块房屋墙体交接处芯柱或构造柱与墙体连接处的拉结钢筋网片，每边伸入墙内不宜小于1m。混凝土小型砌块房屋可采用 $\phi 4$ 点焊钢筋网片，并隔皮设置；粉煤灰中型砌块房屋，可采用 $\phi 6$ 钢筋网片，设防烈度6度和7度时可隔皮设置，8度时应每皮设置。

8.3 大板建筑

大型板材装配式建筑简称大板建筑，系由预制的大型内外墙板和楼板、屋面板等构件装配组合成毗连重叠的六面体空间建筑。

通常大板建筑的板材由工厂预制生产，然后运到工地进行吊装。因此，它与传统建筑相比，大板建筑有利于改善劳动条件，提高生产效率，缩短工期。与同类砖混结构相比，可减轻自重15%～20%，增加使用面积5%～8%。但也存在一定缺点，如建筑设计的灵活性和多样化受到一定限制，造价比砖混结构约高10%～15%，用钢量也较多，另外热工和防水等方面的处理相对复杂。

8.3.1 大板建筑类型

大板建筑按其结构系统的不同可分为以下几种：

1. 横向墙板承重

即楼板搁置在横向墙板上。这种形式采用较广，楼板和墙板可以一个房间一块，也可以分成几块。它的优点是承重的横墙和外围护的纵向外墙各自的功能分工明确，在小开间住宅中楼板的跨度较经济；缺点是承重墙较密，不经济，而且建筑平面限制较大。

2. 纵向墙板承重

一般为楼板搁置在三道纵墙上，也可一块大楼板搁置在前后两道纵墙上。若楼板底面平整，建筑平面设计在纵向分间上可比较灵活一些，一般须每隔一定距离设置横向剪力墙以加强房屋的横向刚度。

3. 双向墙板承重

楼板接近方形，纵横两个方向的墙板均可承重，可采用双向承重的墙板。这种结构形式的墙为井格式，对建筑平面设计带来了一定的约束性。

4. 部分梁柱承重

利用纵墙上搁置横梁，可采用中型楼板，以减少构件的尺度和重量，有利于机械化程度不高地区的生产和吊装。同时采用部分横梁承重也有利于建筑平面设计中超过开间宽度的房间或灵活隔断的布置。

8.3.2 大板建筑的细部构造

1. 大板建筑的主要构件

（1）外墙板

外墙板是大板建筑中的围护结构，应满足防止雨水渗透、保温、隔热和隔声等要求，分为承重外墙板和非承重外墙板两类。当大板建筑横墙承重时，山墙板是承重的，纵向外墙板虽不承重，但仍需承受来自水平方向的地震力和风力以及自重，所以外墙板不论承重与否都需同时满足围护和结构强度两个方面的要求。

外墙板可以由单一材料构成，有实心的、空心的和带肋的三种，如图8-4所示。非采暖地区可以采用普通混凝土空心墙板；采暖地区一般采用轻骨料混凝土实心墙板、复合墙板。复合墙板一般由承重层、保温层和装饰层三个部分组成。承重层一般用钢筋混凝土、轻混凝土制作；保温层一般用加气混凝土、聚苯乙烯泡沫塑料、蜂窝纸板、静止空气层等；装饰层可以采用水刷石、干黏石、面砖等。图8-5所示为复合材料的外墙板举例。

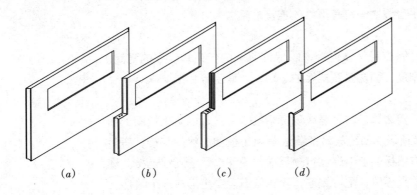

图8-4 单一材料外墙板
(a) 实心墙板；(b) 单排孔外墙板；(c) 双排孔外墙板；(d) 框肋外墙板

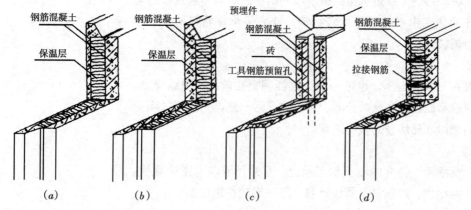

图 8-5 复合材料外墙板
(a) 结构层在内层；
(b) 结构层在外层；
(c) 振动砖外墙；
(d) 夹层外墙板

(2) 内墙板

装配式大板建筑的内墙板是竖向的主要承重构件，应具有足够的强度和刚度；同时，内墙板又是分隔内部空间的构件，应有一定的隔声、防火、防潮能力。内墙板的构造形式一般是单一材料的实心板或空心板，一般为混凝土或钢筋混凝土板，也可采用炉渣、粉煤灰、矿渣、陶粒等为骨料的轻混凝土或振动砖墙板。

(3) 楼板

大板建筑的楼板有三种平面形式，即与砖混结构相同的小块楼板；半间一块（或半间带阳台板）的大楼板；整间一块（或整间带阳台板）的大楼板。大楼板一般采用钢筋混凝土空心板或预应力混凝土空心板。为了减轻大楼板的重量，可以采用轻质材料填芯楼板，填芯材料有加气混凝土块等。

(4) 屋面板

屋面板一般与楼板做法相同。屋顶的承重结构，要求有一定的强度和刚度；此外还要求屋顶满足防水、排水、保温（隔热）、天棚平整和外形美观等要求。大板建筑的屋顶可以用小块的、半间的或整间的大楼板作屋顶的结构层，另加檐部构件、防水层和保温（隔热）层等。

(5) 楼梯

由于安装墙板要用起重量较大的起重设备，所以楼梯一般采用大型预制构件。为了减轻重量，楼梯可以制成空心楼梯段，也可将平台与梯段分别预制。当分开预制时，梯段与平台板之间应有可靠的连接。

2. 构件的连接

大板建筑的主要构件间应用整体连接，以保证荷载的传递和房屋的稳定。连接节点要满足强度、刚度、韧性以及抗腐蚀、防水、保温等构造要求。

(1) 内墙板的连接

内墙板间的连接常采用凹缝、暗销缝或现浇暗柱等方法，以防止板间的水平或竖直位移，如图 8-6 所示。凹缝与暗销缝法是利用板侧形状的连接，有时为了结构连接的需要，在墙板的上下端进行预埋铁件或伸出钢筋互焊连接。现浇暗柱法是利用板材间扩大板缝，配以钢筋，灌缝细石混凝土形成一个暗柱。

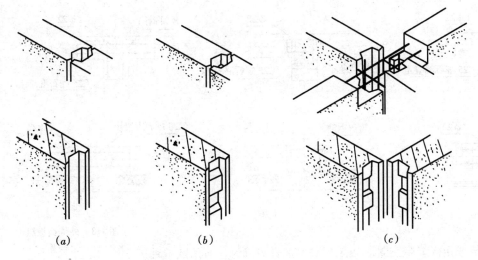

图 8-6 内墙板板缝连接构造
(a) 凹缝；(b) 内外墙；(c) 现浇暗柱

(2) 楼板与墙板的连接

楼板是搁置在墙板上的，一般的平缝灌浆就可满足，但为了加强彼此间的联系，增加整体性，左右伸出的钢筋弯起并加筋连接，如图 8-7 (a) 所示。为较好地连接，应在楼板端部做出缺口，伸出钢筋与上下墙板伸出的钢筋环焊接，然后加筋并浇以混凝土，形成暗销，如图 8-7 (b) 所示。

(3) 外墙板的连接构造

外墙板连接主要是上下外墙板连接的水平缝和左右外墙板连接的垂直缝。其结构的连接与内墙板及楼板节点构造基本相似。通常采用墙板预留钢板和预留钢筋与连接钢筋进行焊接，加细石混凝土灌缝。图 8-8 所示是板缝连接构造的举例。

3. 板缝的构造

外墙板防止接缝渗漏的措施，一般可归纳为三种，即材料防水、构造防水、材料防水与构造防水相结合。

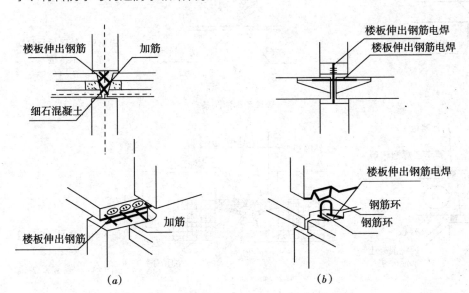

图 8-7 楼板与承重内墙板的连接
(a) 楼板伸出钢筋；(b) 上墙板与楼板均留缺口

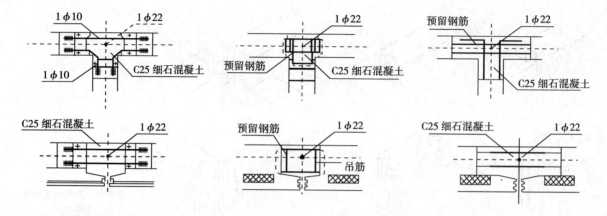

图 8-8 外墙板板缝连接构造

(1) 材料防水

用防水油膏嵌缝或用嵌缝带密封。当采用防水油膏嵌缝时，所用嵌缝油膏必须具有弹性大、高温不流淌、低温不脆裂等性能。防水油膏还应有与混凝土、砂浆等材料能良好粘结，能经受拉伸和压缩的反复变化，以及长期暴露在大气中不致老化的性能。材料防水构造如图 8-9 所示。

(2) 构造防水

构造防水即在板缝外口做合适线型构造或采取不同形式的挡水处理，使水流分散，减少接缝处的雨水流量、流速和压力。构造防水的接缝，允许少量雨水渗入，但接缝的形状应能保证将渗入的雨水顺利地导出墙外。水平缝构造如图 8-10 所示，垂直缝的构造如图 8-11 所示。

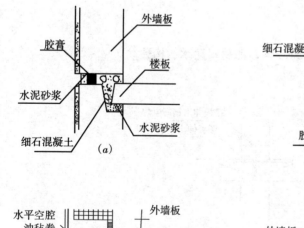

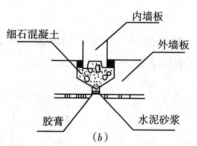

图 8-9 外墙板材料防水构造
(a) 水平缝；(b) 垂直缝

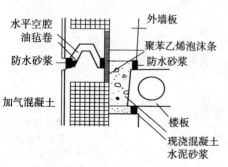

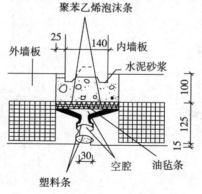

图 8-10 水平缝企口缝构造（左）

图 8-11 垂直双腔缝构造（右）

（3）材料防水和构造防水相结合

这种防水方法是在构造防水的基础上，用弹性材料或黏塑性材料嵌缝，即使接缝出现变形也能防止形成内外贯通的缝隙，具有防水和防风的双重功能。这种做法对于保温要求高的严寒地区尤其适用，如图 8-12 所示。

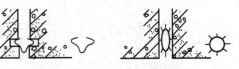

图 8-12 材料防水和构造防水相结合构造

8.4 大模板建筑

8.4.1 大模板建筑类型

大模板建筑是指用工具式大型模板现场浇筑混凝土楼板和墙体的一种建筑，又称工具式大模板建筑。工具式大模板由大模板板面、支架和操作平台三部分组成，通常大模板和操作平台是结合在一起的，如图 8-13 所示。这种建筑工艺简单、劳动强度小、施工速度快，设备投资少，而且结构整体性好、刚度大、抗震能力强，是工业化建筑体系中最经济的一种类型。

工具式大模板建筑，其内承重墙一般采用大模板现浇方式，而楼板和外墙则为了方便施工中拆撤模板，需留一面为预制。因此，大模板建筑又可分为以下三种类型：

1. 内外墙全现浇

内外墙全部为现浇，楼板和其他构件为预制。这种形式整体性好，工序简单，节点构造也较简单。

2. 内浇外挂

内墙为现浇，外墙、楼板均为预制。其优点是外墙板可预制成复合板，改善了墙体的保温性能，且整体性仍可得到保证。这是目前我国高层大模板建筑中应用最普遍的一种类型。

3. 内浇外砌

内墙采用大模板现浇，外墙用砖来砌筑。砖砌外墙比混凝土墙的保温性好，且经济，适用于多层大模板建筑。

8.4.2 大模板建筑细部构造

1. 内外墙连接构造

当内外墙全现浇时，两者交接处的构造，如图 8-14（a）所示。内墙为现浇，外墙均为预制时，其外挂板的板缝防水构造与大板建筑相同，不同的是外墙板需在现浇内墙之前先安装就位，并在外墙板侧边预留的环形钢筋和板缝内竖向插筋，并与内墙钢筋绑扎在一起，

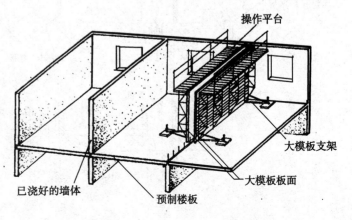

图 8-13 大模板建筑

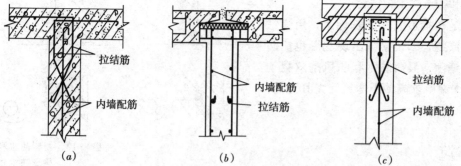

图 8-14 大模板建筑内外墙连接构造
(a)内外墙现浇；(b)内浇外挂；(c)内浇外砌

待内墙浇筑混凝土后，这些钢筋便将内外墙连成一整体，如图 8-14（b）所示。内墙采用大模板现浇，砌砖外墙时，应在与内墙交接处砌成凹槽，插入竖向钢筋，并在砖墙中边砌边放入锚拉钢筋，与内墙钢筋绑扎在一起，待浇筑内墙混凝土后，预留的凹槽便形成了一根构造柱，将内外墙牢固地连接在一起了，如图 8-14（c）所示。

2. 预制楼板的搁置

预制楼板搁置在现浇的承重内墙上，使现浇上下墙的连续性遭到一定程度的破坏，也使上下墙体内的钢筋不能连贯。解决的方法：一种是墙体厚些，楼板搁置宽度相对小些，楼板端头伸出受力钢筋，与墙体钢筋相结合，一起浇筑混凝土，使预制楼板与现浇墙体结合成整体，一般适用于墙体为单层钢筋，如图 8-15（a）所示；还有一种办法是把预制楼板端头做成犬齿交错的卡口形式，使现浇墙体的双层钢筋也可以从卡口缝中穿过，如图 8-15（b）所示；楼板搁置后，墙缝较窄的，还可以采用过渡钢筋的方法，如图 8-15（c）所示。

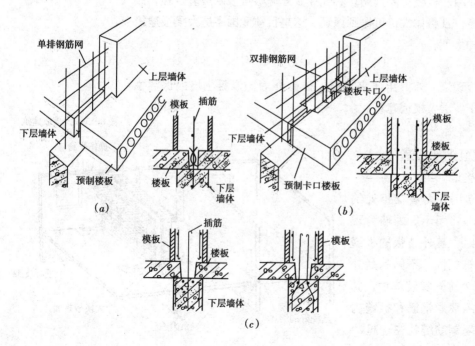

图 8-15 预制楼板在现浇墙体搁置处的节点构造
(a) 预制楼板现浇墙体上下层单排钢筋连接；(b) 卡口楼板双排钢筋连接；(c) 上下墙体采用过渡钢筋连接

3. 现浇外墙的保温

与内承重墙同时现浇的外墙板如果采用与内墙同样材料，施工浇筑时可以较为方便。但是，内墙以承重为主，采用混凝土；而外墙以外围护为主，如采用同样混凝土，对北方的保温和南方的隔热来说，都不能满足要求。为满足不同要求，通常采取以下做法：

①保温要求不高的地区，可采用如膨胀珍珠岩砂浆等轻质砂浆在内部抹面，以做保温层。

②保温要求较高时，一般方法可采用轻质骨料混凝土，如陶粒混凝土、无砂陶粒混凝土、浮石混凝土以及大颗粒膨胀珍珠岩混凝土等来浇筑外墙。内外墙采用两种材料，须要分开浇捣，为了使内外墙较好连结，交接处每隔300～500mm要设置一道拉结钢筋网片，门窗洞口的上部要增设过梁或圈梁配筋。

③保温要求较高的另一种方法还可以采用如加气混凝土等混凝土块或条板，作为现浇外墙的外模板的内衬，这样在施工中就可以内外墙同时现浇，而且可以采用同样的混凝土。这种做法，轻质混凝土块与现浇混凝土可以牢固地粘结在一起；轻质混凝土保温层，在墙体的外面，防止蒸汽凝结效果较好；但是轻质混凝土的外表面须做外抹灰和饰面层。

8.5 其他类型的工业化建筑

8.5.1 滑模建筑

滑升模板简称滑模，即利用墙体内钢筋作导杆，由油压千斤顶逐渐提升模板，连续浇筑混凝土墙体的施工方法，如图8-16所示。

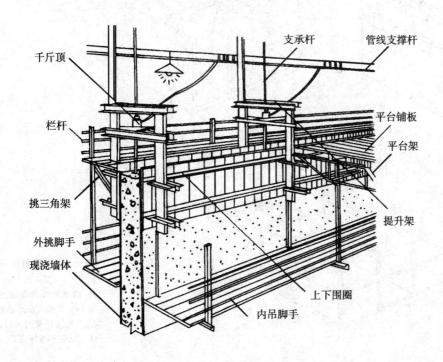

图8-16 滑模示意图

滑模建筑的优点是，结构整体性好，机械化程度高，施工速度快，节约模板，施工占地少，改善了施工条件，缺点是操作困难，墙体垂直度易出现偏差，墙体厚度较大。为了适应滑模施工的特点，建筑平面设计尽量简单平整，开间应适当大一些，不能有凸出的横线条。必要时外墙面可以利用模板滑升滑出竖向线条，也可做喷涂饰面，也还有在墙板上衬以加气混凝土块做为保温层，但需另加抹灰层。为了抵抗模板滑升时带来的侧摩擦力，墙体还需适当加厚。这种方法适宜于简单垂直形体，上下相同壁厚的建筑物，如烟囱、水塔、筒仓等构筑物以及 5～20 层的多、高层建筑物。

采用滑模施工的建筑一般有三种布置类型，如图 8-17 所示。

第一种是内外墙全用滑模施工；第二种是内墙用滑模施工，外墙用装配式墙板；第三种是仅用滑模浇筑楼梯、电梯等形成筒体结构的交通核，而其余部分则采用框架或大板结构。

8.5.2 升板建筑

升板建筑是指利用房屋自身的柱子作导杆，就地叠层，现场预制的楼板和屋面板由下而上逐层提升就位固定，如图 8-18 所示。它具有节约模板、简化工序、提高工效、减少高空作业、施工设备简单、所占场地较小等优点。升板建筑多用于隔墙少、楼面荷载大的多层建筑，如商场、写字楼、书库等。

升板法的施工过程共分六步，如图 8-19 所示：第一步是平整场地、开挖

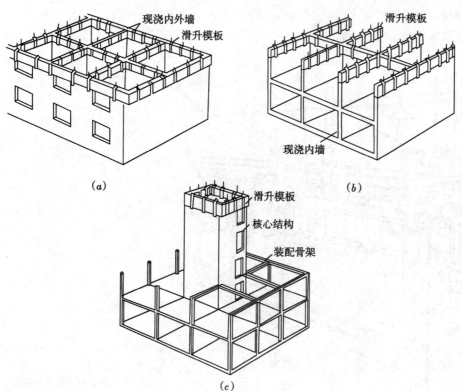

图 8-17 常见滑模施工方法
(a) 内外墙均为滑模施工；(b) 纵横内墙为滑模施工，对墙用装配大板；(c) 核心结构滑模施工

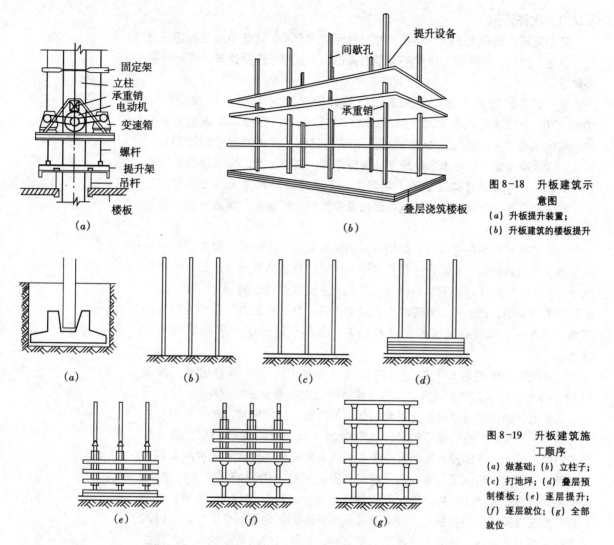

图 8-18 升板建筑示意图
(a) 升板提升装置；
(b) 升板建筑的楼板提升

图 8-19 升板建筑施工顺序
(a) 做基础；(b) 立柱子；(c) 打地坪；(d) 叠层预制楼板；(e) 逐层提升；(f) 逐层就位；(g) 全部就位

基槽、做基础；第二步是在基础上立柱子，一般采用预制柱；第三步是打地坪，为在其上预制楼板做准备；第四步是叠层预制楼板和屋面板；第五步是用安装在柱子上的提升机逐层提升楼板；第六步是逐层就位、固定楼板和屋面板。

升板建筑的楼板通常采用三种形式的钢筋混凝土楼板。第一种是平板，因上下表面均平整，制作简单，对脱模有利，适合于 6m 左右的柱网，比较经济。板厚一般不小于柱网长边尺寸的 1/35。第二种是双向密肋板，其刚度较平板好，适合于 6m 以上的柱网。第三种是预应力混凝土板，特点是节约钢筋、水泥，板的刚度大。由于采用预应力结构，提高了板的受力性能，可适用于 9m 左右的柱网。

升板建筑的外墙可以采用砖墙、砌块墙、预制墙板等，为减轻承重结构的荷载，最好选用轻质材料作外墙。

8.5.3 盒子建筑

盒子建筑是指由盒子状的预制构件组合而成的全装配式建筑。这种建筑适用于住宅、旅馆、疗养院、学校等类型的建筑，不仅用于多层建筑，还用于高层建筑。

盒子建筑的优点在于：①施工速度快，同大板建筑相比可缩短工期50%~70%。②装配化程度高，大部分工作均移到工厂完成，现场用工量仅占总量的20%左右，这比大板建筑减少10%~15%，比砖混建筑减少30%~50%。③混凝土盒子构件本身就是空间薄壁结构，其刚度大、自重很轻，与砖混建筑相比，可减轻结构自重的一半以上。不足是盒子尺寸大，工序多而复杂，对生产设备、运输设备、现场吊装设备要求高、投资大、技术复杂，建筑的单方造价也较高。

盒子结构可采用各种材料，如钢材、钢筋混凝土、木材和塑料等。盒子构件的高度与层高相应，长宽尺寸根据盒子内小空间组合情况而定。如一个或两三个房间为一个盒子，住宅的厨房、宾馆的卫生间等也可做成独立的盒子。这类房间的空间小、设备多、管道集中，一切设备、管线和装修工程均在预制厂完成。作为卫生间成品盒子的生产和销售，有利于减少这类房间的现场工作量。

盒子建筑的组装方式有以下几种：第一种是上下盒子重叠组装，如图8-20（a）所示；第二种组装方式为盒子构件相互交错叠重，如图8-20（b）所示，这种组合的优点是可避免盒子相邻侧面的重复，比较经济；第三种组装方式为盒子构件与预制板材进行组装，如图8-20（c）所示，这种方式的优点是节约材料，设计布置比较灵活，其中设备管线多和装修工作量大的房间采用盒子构件，以便减少现场工作量，而大空间和设备管线少的房间采用大板结构；第四种组装方式是盒子构件与框架结构进行组装，如图8-20（d）所示，盒子构件可搁在框架结构的楼板上，或者通过连接件固定在框架的格子中，此时的盒子构件是不承重的，组装十分灵活；第五种，组装方式是盒子构件与筒体结构进行组装，如图8-20（e）所示，盒子构件可以支承在从筒体悬挑出来的平台上，或者将盒子构件直接从筒体上悬挑出来，形成悬臂式盒子建筑等各种形式。

8.5.4 框架轻板建筑

框架轻板建筑，系采用柱、梁、板组成承重骨架，以各种轻质材料的制品

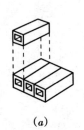 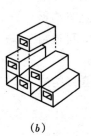 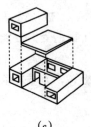  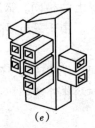

(a)　　　(b)　　　(c)　　　(d)　　　(e)

图8-20　盒子建筑的组装方式
(a) 重叠组装；(b) 交错组装；(c) 盒子板材组装；(d) 盒子框架组装；(e) 盒子筒体组装

作为建筑的分隔与围护构件的建筑。其特点是承重、围护构件分工明确，空间分隔布局灵活，自重轻，整体性好，抗震能力强。但钢材、水泥用量大，物件吊装次数多，工序多，造价较高。民用建筑中的住宅、宾馆、商场、办公楼等，工业建筑中的轻工、电子、服装、食品等建筑均可采用。

框架结构按所使用材料可分为钢框架和钢筋混凝土框架。从防火性能、材料供应、工业化程度等方面钢筋混凝土框架有一定的优越性。钢筋混凝土框架按施工方法的不同，分为全现浇、全装配和装配整体式三种。其中全装配和装配整体式现场湿作业少，不受气候影响，因而被更多地采用。按主要组成构件可分为梁板柱、板柱和框架剪力墙三种类型。梁板柱型是梁与柱组成框架，楼板搁置在其上；板柱型是楼板直接由柱子承担；在上述两种框架中增设一些剪力墙，则属于框剪类型。

装配式钢筋混凝土框架的构件连接参见第九章多层厂房部分。

复习思考题

1. 什么是建筑工业化？其特征和发展趋势是什么？
2. 砌块建筑有何优缺点？其主要构造要点有哪些？砌块建筑中固定门窗框有哪些做法？为什么与砖墙建筑不同？
3. 大板建筑有何特点？试述大板建筑墙板板缝防水构造的种类和它们的构造要点。
4. 大模板建筑有何特点？主要适用于哪些建筑类型？大模板建筑的主要构造节点有哪些？
5. 滑模建筑、升板建筑、框架轻板建筑、盒子建筑各有何特点？

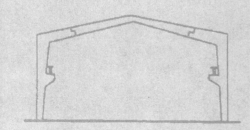

第9章 工业建筑构造简介

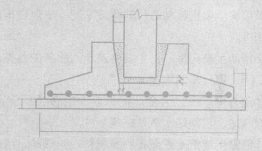

建筑材料与构造

工业建筑是各类工厂为满足工业生产需要而建造的各种不同用途的建筑物和构筑物的总称。通常把用于工业生产的建筑物称为工业厂房。

9.1 工业建筑的类型

9.1.1 工业建筑的分类

由于生产工艺的多样化和复杂化，因此所需要的工业建筑也不同，通常有以下几种分类方法：

1. 按厂房的用途分

①主要生产厂房　用于完成主要产品从原料到成品的整个加工、装配过程的各类厂房。如机械制造厂的铸造车间、热处理车间、机械加工车间和机械装配车间等。

②辅助生产厂房　为主要生产车间服务的各类厂房。如机械制造厂的机械修理车间、工具车间等。

③动力用厂房　为全厂提供能源的各类厂房。如发电站、变电所、锅炉房、煤气站、乙炔站、氧气站等。

④贮藏用建筑　贮藏各种原材料、半成品、成品的仓库。如机械厂的金属材料库、油料库、辅助材料库、半成品库及成品库等。

⑤运输用建筑　用于停放、检修各种交通运输工具用的房屋。如机车库、汽车库、电瓶车库、起重车库、消防车库等。

⑥其他　不属于上述五类用途的建筑，如污水处理建筑等。

2. 按生产状况分

①热加工车间　指在高温状态下进行生产的车间。如铸造、炼钢、轧钢等。

②冷加工车间　指在正常温、湿度条件下进行生产的车间。如机械加工、机械装配、机修等车间。

③恒温恒湿车间　指在恒定的温、湿度条件下进行生产的车间。如纺织车间、精密仪器车间、酿造车间等。

④洁净车间　指在无尘、无菌、无污染的高度洁净状况下进行生产的车间。如医药工业中的药剂车间、集成电路车间等。

⑤其他特种状况的车间　指有特殊条件要求的车间。如有大量腐蚀性物质、有放射性物质、隔声要求高、防电磁波干扰车间等。

3. 按层数分

①单层厂房　是指层数为一层的工业厂房。多用于机械制造工业、冶金工业和其他重工业等的厂房。

②多层厂房　指层数在二层以上，一般为二~五层。多用于精密仪表、电子、食品、服装加工工业等的厂房。

③混合层数厂房　指同一厂房内既有单层又有多层的厂房称为混合层数厂

房。多用于化学工业、热电站等的厂房；如热电厂的主厂房，汽轮发电机设在单层跨内，其他为多层。

9.1.2 单层工业厂房的结构类型

在厂房建筑中，支承各种荷载作用的构件所组成的骨架，通常称为结构。单层厂房基本结构类型有排架结构、刚架结构和空间结构。

1. 排架结构

由屋架（屋面梁）、柱子、基础构成的一种骨架体系。它的基本特点是把屋架看成为一个刚度很大的横梁，屋架（屋面梁）与柱子的连接为铰接，柱子与基础的连接为刚接，如图9-1所示。依其所用材料不同分为钢筋混凝土排架结构、钢筋混凝土柱和钢屋架组成的排架结构和砖排架结构。我国单层工业厂房一般采用装配式钢筋混凝土排架结构。

2. 刚架结构

将屋架（屋面梁）与柱子合并成为一个构件，柱子与屋架（屋面梁）连接处为整体刚性节点，柱子与基础的连接为铰接节点，如图9-2所示。常用的有门式刚架和钢框架刚架两种。

3. 空间结构

屋盖为空间结构，如各类薄壳结构、悬索结构、网架结构等。这种结构普遍用于大柱距的工业厂房中，如图9-3所示。

9.2 单层厂房的定位轴线

定位轴线是确定厂房主要构件的标志尺寸及其相互位置关系的基线，也是设备定位、安装及厂房施工放线的依据。

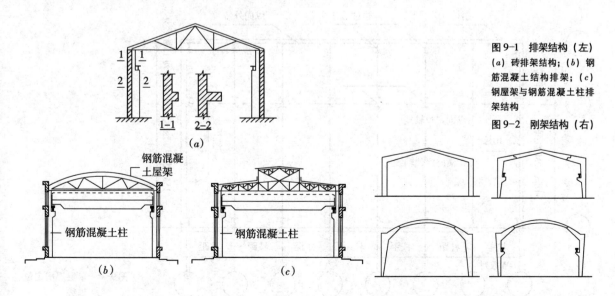

图9-1 排架结构（左）
(a) 砖排架结构；(b) 钢筋混凝土结构排架；(c) 钢屋架与钢筋混凝土柱排架结构

图9-2 刚架结构（右）

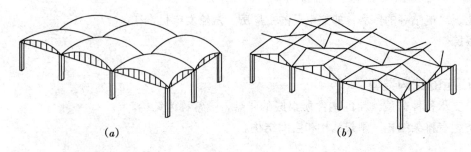

图 9-3 空间结构
(a) 双曲扭壳；(b) 扁壳

9.2.1 柱网

厂房的定位轴线分为横向定位轴线和纵向定位轴线两种。通常把与横向排架平面平行的轴线称为横向定位轴线；与横向排架平面垂直的轴线称为纵向定位轴线。纵横向定位轴线在平面上形成有规律的网格称为柱网，如图 9-4 所示。

1. 柱距

两横向定位轴线的距离称为柱距，单层厂房的柱距应采用 60M 数列；如 6、12m，一般情况下均采用 6m。抗风柱柱距宜采用 15M 数列，如 4.5、6、7.5m，常见的为 6m。

2. 跨度

两纵向定位轴线间的距离称为跨度，单层厂房的跨度在 18m 及 18m 以下时，取 30M 数列；如 9、12、15、18m；在 18m 以上时，取 60M 数列，如 24、30、36m 等。

9.2.2 定位轴线的确定

1. 横向定位轴线

① 除了靠山墙的端部柱和横向变形缝两侧柱外，厂房纵向柱列中的中间柱

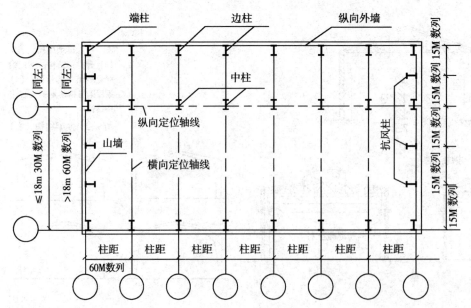

图 9-4 单层厂房定位轴线

的截面中心线、屋架中心线应与横向定位轴线相重合，如图9-5所示。

②山墙为非承重墙时，墙内缘与横向定位轴线相重合，且端部柱截面中心线应自横向定位轴线向内移600mm，如图9-6所示。

③在横向伸缩缝或防震缝处，应采用双柱及两条定位轴线，且柱的截面中心线均应自定位轴线向两侧各移600mm，如图9-7所示。两定位轴线的距离叫插入距用 a_i 表示，一般等于变形缝宽度 a_e。

2. 纵向定位轴线

（1）边柱与纵向定位轴线的关系，有如下两种情况：

①封闭结合　当结构所需的上柱截面高度（h）、吊车侧方宽度（B）及安全运行所需的侧方间隙（C_b）三者之和小于吊车轨道中心线至厂房纵向定位轴线间的距离 e（一般为750mm）即 $h+B+C_b \leq e$ 时，边柱外缘、墙内缘宜与纵向定位轴线相重合，此时屋架端部与墙内缘也重合，形成"封闭结合"的构造，如图9-8所示。

②非封闭结合　当 $h+B+C_b>e$，此时若继续采用"封闭结合"的定位方法，便不能满足吊车安全运行所需净空要求，因此需将边柱的外缘从纵向定位轴线向外移出一定尺寸（a_c），这个尺寸 a_c 称为"联系尺寸"。由于纵向定位轴线与柱子边缘间有"联系尺寸"，上部屋面板与外墙之间便出现空隙，这种情况称为"非封闭结合"，如图9-9所示。

（2）中柱与纵向定位轴线的关系，可有如下几种情况：

①等高跨厂房中柱设单柱时的定位　双跨及多跨厂房中如没有纵向变形缝时，宜设置单柱和一条纵向定位轴线，且上柱的中心线与纵向定位轴线相重合，如图9-10（a）所示；当相邻跨内的桥式吊车起重量较大时，需设两条定位轴线，两轴线间距离（插入距）用 a_i 表示，此时上柱中心线与插入距中心线相重合，如图9-10（b）所示。

图9-5　中间柱与横向定位轴线的定位（左）

图9-6　非承重山墙与横向定位轴线的定位（中1）

图9-7　变形缝处柱与横向定位轴线的定位（中2）

a_i—插入距；a_e—变形缝宽度

图9-8　边柱与纵向定位轴线的定位中的封闭结合（右）

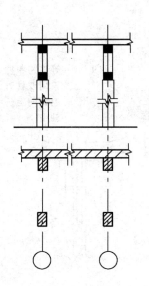
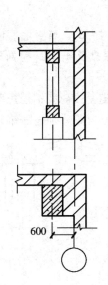
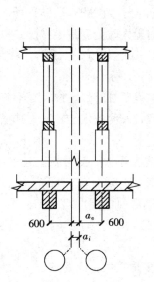
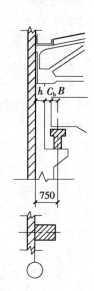

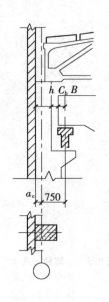
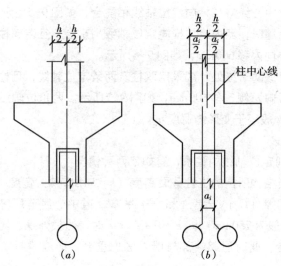

图 9-9 边柱与纵向定位轴线的定位中的非封闭结合（左）

图 9-10 等高跨中柱采用单柱时的纵向定位轴线（右）

② 等高跨厂房中柱设双柱时的定位　若厂房需设置纵向防震缝时，应采用双柱及两条定位轴线，此时的插入距（a_i）与相邻两跨吊车起重量大小有关。若相邻两跨吊车起重量不大，其插入距 a_i 等于防震缝宽度 a_e，即 $a_i=a_e$，如图 9-11（a）所示，若相邻两跨中，一跨吊车起重量大，此时插入距 $a_i=a_e+a_c$，如图 9-11（b）所示，若相邻两跨吊车起重量都大，此时插入距 $a_i=a_c+a_e+a_c$，如图 9-11（c）所示。

③ 不等高跨中柱设单柱时的定位　不等高跨不设纵向伸缩缝时，一般采用单柱。若高跨内吊车起重量不大时，根据封墙底面的高低，可以有两种情况：如封墙底面高于低跨屋面，宜采用一条纵向定位轴线，且纵向定位轴线与高跨上柱外缘、封墙内缘及低跨屋架标志尺寸端部相重合，如图 9-12（a）所示。若封墙底面低于低跨屋面时，应采用两条纵向定位轴线，且插入距（a_i）等于封墙厚度（t），即 $a_i=t$，如图 9-12（b）所示。

当高跨吊车起重量大时，高跨中需设"联系尺寸" a_c，若封墙底面高于低跨屋面时 $a_i=a_c$，如图 9-12（c）所示，若封墙底面低于低跨屋面时，$a_i=a_c+t$，如图 9-12（d）所示。

④ 不等高跨中柱设双柱时的定位　当不等高跨高差或荷载相差悬殊需设沉降缝时，此时采用双柱及两条定位轴线，其插入距（a_i）分别与吊车起重量大小、封墙高低有关。

若高跨吊车起重量不大，封墙底面高于低跨屋面时，$a_i=a_e$，如图 9-13（a）所示，封墙底面低于低跨屋面时，$a_i=a_e+t$，如图 9-13（b）所示。

若高跨吊车起重量较大，高跨内需设"联系尺寸"（a_c），此时封墙底

图 9-11 等高跨中柱采用双柱时的纵向定位轴线

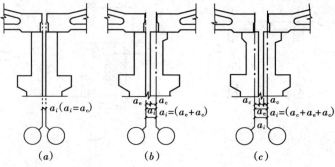

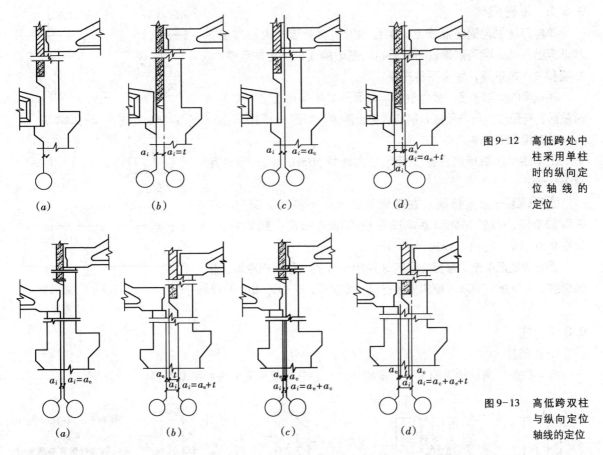

图 9-12 高低跨处中柱采用单柱时的纵向定位轴线的定位

图 9-13 高低跨双柱与纵向定位轴线的定位

面高于低跨屋面时，$a_i = a_e + a_c$，如图 9-13（c）所示，封墙底面低于低跨屋面时，$a_i = a_c + a_e + t$，如图 9-13（d）所示。

9.3 单层厂房的主要结构构件

9.3.1 基础

基础承受厂房上部结构的全部荷载，并把荷载传递到地基，因此基础起着承上传下的作用，是厂房结构中的重要构件之一。

基础的类型主要取决于上部荷载的大小、性质及工程地质条件等。单层工业厂房的基础一般做成独立式基础，其形式有锥形基础、板肋基础、薄壳基础等。

在装配式单层厂房中，预制柱下杯形基础较为常见，如图 9-14 所示。基础所用混凝土的强度等级一般不低于 C15，钢筋采用 HPB235 钢筋或 HRB335 钢筋。为了便于施工放线和保护钢筋，在基础底部通常铺设 C10 的混凝土垫层，厚度为 100mm。

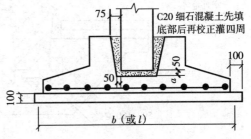

图 9-14 预制柱下杯形基础

9.3.2 基础梁

单层厂房采用钢筋混凝土排架结构时，将外墙或内墙砌筑在基础梁上，基础梁两端架设在相邻独立基础的顶面。这样可使内、外墙和柱一起沉降，墙身不易开裂。

基础梁的标志长度一般为柱距，截面形式多采用上宽下窄的梯形截面，有预应力与非预应力钢筋混凝土两种，如图9-15所示。

基础梁搁置的构造要求：

① 基础梁顶面标高应至少低于室内地坪50mm，高于室外地坪100mm；

② 基础梁一般直接搁置在基础顶面上，当基础较深时，可采取加垫块、设置高杯口基础或在柱下部分加设牛腿等措施，如图9-16（a）、（b）、（c）、（d）所示；

③ 寒冷地区基础梁底部应留有50～100mm的空隙，寒冷地区基础梁底铺设厚度≥300mm厚的松散材料，如矿渣、干砂，如图9-17所示。

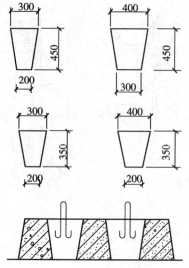

图9-15 基础梁的断面形式

9.3.3 柱

1. 排架柱

排架柱是厂房结构中的主要承重构件之一。它不仅承受屋盖和吊车等竖向

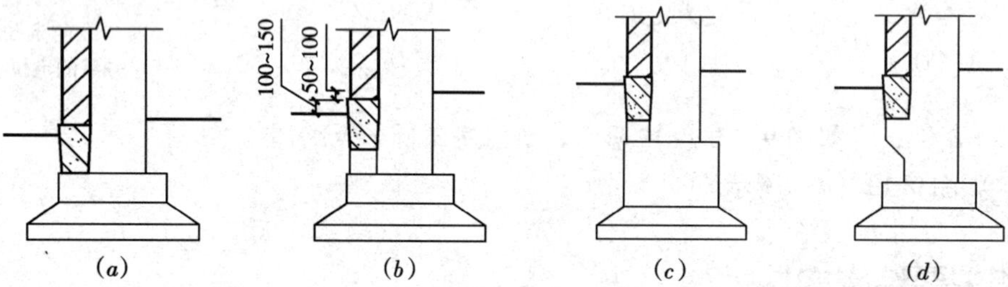

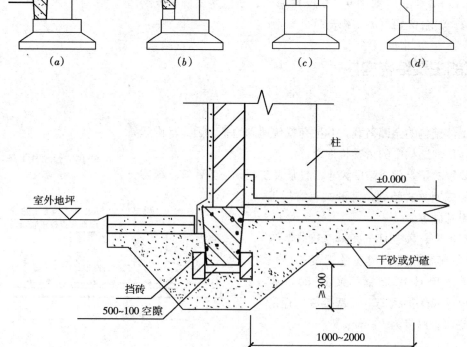

图9-16 基础梁的搁置方式
(a) 基础梁直接搁置在基础杯口上；(b) 基础梁搁置在混凝土垫块上；(c) 基础梁搁置在高杯口基础上；(d) 基础梁搁置在柱牛腿上

图9-17 基础梁防冻措施

荷载，还承受吊车刹车时产生的纵向和横向水平荷载、风荷载、墙体和管道设备等荷载，并把这些荷载连同自重全部传递至基础。

柱按所用的材料不同可分为砖柱、钢筋混凝土柱、钢柱等。目前，钢筋混凝土柱应用最为广泛。单层工业厂房钢筋混凝土柱基本上可分为单肢柱和双肢柱两大类。单肢柱截面形式有矩形、工字形及空心管柱。双肢柱截面形式是由两肢矩形柱或两肢空心管柱，用腹杆连接而成，如图9-18所示。

柱的截面尺寸应根据柱的高度及受力等情况由计算确定，同时还必须满足构造的要求。柱的上柱截面尺寸一般为400mm×(400~600)mm，下柱的截面尺寸一般为400mm×(600~1000)mm。

为支承吊车梁或其他构件，柱上设有牛腿。牛腿外缘高度 h_k 应大于或等于 $h/3$，且不小于200mm，支承吊车梁的牛腿，其支承板边与吊车梁外缘的距离不宜小于70mm，牛腿挑出距离 d 大于100mm时，牛腿底面的倾斜角 β 宜小于或等于45°，当小于等于100mm时，β 可等于0°，如图9-19所示。

为使柱与其他构件有可靠的连接，在柱的相应位置应预埋铁件或预埋钢筋，预埋件的位置及作用如图9-20所示。

图9-18 柱子的类型（左）
(a) 矩形柱；(b) 工字形柱；(c) 双肢柱；(d) 管柱

图9-19 实腹式牛腿的构造（右）

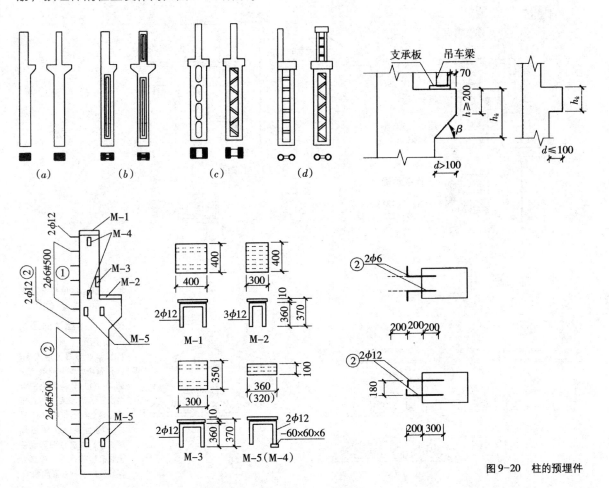

图9-20 柱的预埋件

2. 抗风柱

单层工业厂房的山墙面积很大，为保证山墙的稳定性，应在山墙内侧设置抗风柱，使山墙的风荷载一部分由抗风柱传至基础，另一部分由抗风柱的上端传至屋盖系统再传至纵向柱列。

抗风柱截面形式常为矩形，尺寸常为 400mm×600mm 或 400mm×800mm。抗风柱与屋架的连接多为铰接，在构造处理上必须满足以下要求：一是水平方向应有可靠的连接，二是在竖向应使屋架与抗风柱之间有一定的相对竖向位移的可能性。因此屋架与抗风柱之间一般采用弹簧钢板连接，如图9-21所示。若厂房沉降较大时，则宜采用螺栓连接。

9.3.4 屋盖

1. 屋盖承重构件

屋架（屋面梁）是屋盖结构的主要承重构件，它直接承受屋面荷载，有些厂房的屋架（屋面梁）还承受悬挂吊车、管道或其他工艺设备的荷载。其类型如图9-22所示。屋架与柱的连接方法有焊接和螺栓连接。

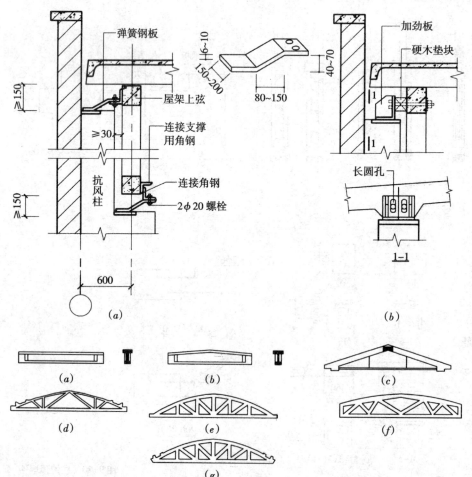

图 9-21 抗风柱与屋架连接（上）

图 9-22 屋架的形式（下）
(a) 钢筋混凝土屋面梁；(b) 预应力钢筋混凝土屋面梁；(c) 预应力钢筋混凝土三铰拱屋架；(d) 钢筋混凝土组合屋架；(e) 预应力钢筋混凝土拱形屋架；(f) 预应力钢筋混凝土梯形屋架；(g) 预应力钢筋混凝土折线形屋架

因工艺要求或设备安装的需要，柱距需做成 12m，而屋架的间距和大型屋面板长度仍为 6m 时，需在 12m 的柱距间设置托架来支承中间屋架，通过托架将屋架上的荷载传给柱子，如图 9-23 所示。托架一般采用预应力混凝土托架和钢托架。

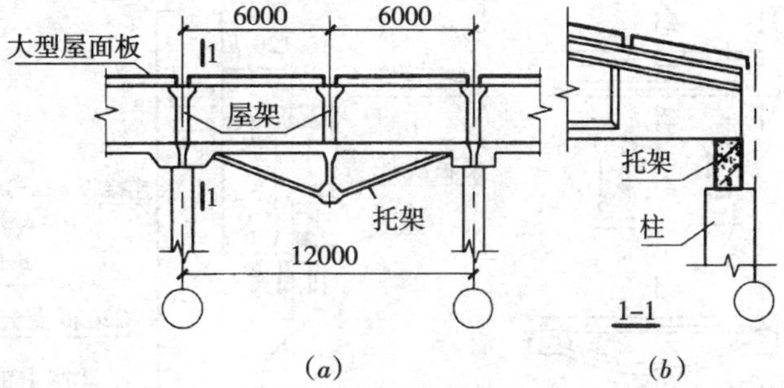

2. 屋盖覆盖构件

（1）屋面板

屋面板的类型如图 9-24 所示。每块板与屋架（屋面梁）上弦相应处预埋铁件相互焊接，其焊点不少于三点，板与板缝隙均用不低于 C15 细石混凝土填实。

（2）檩条

起支承槽瓦或小型屋面板等作用，并将屋面荷载传给屋架。常用的有预应力钢筋混凝土倒 L 形和 T 形两种，如图 9-25 所示。

图 9-23 托架及布置
(a) 托架；(b) 托架布置

9.3.5 吊车梁、连系梁与圈梁

1. 吊车梁

当单层工业厂房设有桥式吊车（或梁式吊车）时，需要在柱子的牛腿处设置吊车梁。吊车梁上铺设轨道，吊车在轨道上运行。吊车梁是单层工业厂房的重要承重构件之一。

吊车梁按材料不同有钢筋混凝土和钢两种，常采用钢筋混凝土梁。钢筋混凝土梁按截面形式不同有等截面（图 9-26）和变截面（图 9-27）两种。

吊车梁的上翼缘与柱间用角钢或钢板连接，吊车梁下部在安装前应焊上一块钢垫板，并与柱牛腿上的预埋钢板焊牢，吊车梁与柱子空隙用 C20 混凝土填实，如图 9-28 所示。

图 9-24 屋面板的类型（左）
(a) 大型屋面板；(b) 预应力 F 形屋面板；(c) 预应力混凝土夹心保温屋面板；(d) 钢筋混凝土槽瓦

图 9-25 檩条形式（右）
(a) 倒 L 形；(b) T 形

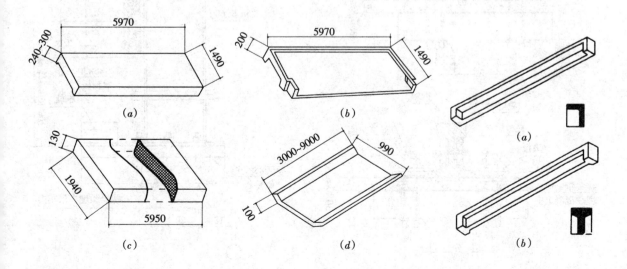

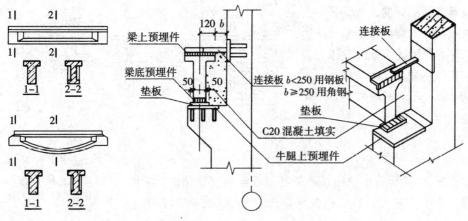

图 9-26 等截面吊车梁（左上）
图 9-27 变截面吊车梁（左下）
图 9-28 吊车梁与柱的连接（右上）

吊车梁上的钢轨可采用 TG43 型铁路钢轨和 QU80 型吊车专用钢轨。吊车梁的翼缘上留有安装孔，安装前先用 C20 细石混凝土垫层找平，然后铺设钢垫板或压板，用螺栓固定，如图 9-29 所示。

为防止吊车在行驶过程中来不及刹车而冲撞到山墙上，应在吊车梁的尽端设有车挡装置，如图 9-30 所示。

2. 连系梁

连系梁是柱与柱之间在纵向的水平连系构件。其主要作用是加强厂房的纵向刚度，传递山墙传来的风荷载。连系梁与柱子的连接，可以采用焊接或螺栓连接，其截面形式有矩形和 L 形，如图 9-31 所示。

图 9-29 吊车轨道的固定（左）
图 9-30 车挡（右）

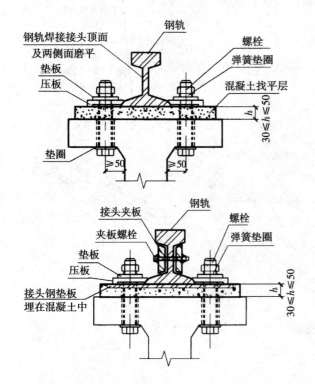

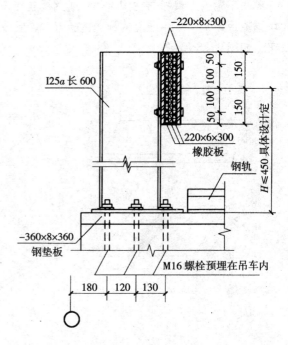

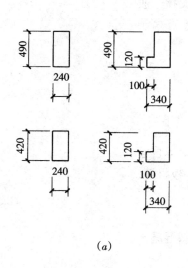
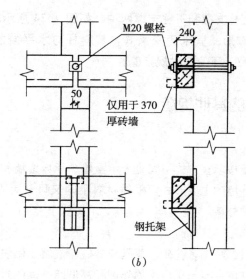

图 9-31 连系梁与柱连接
(a) 连系梁截面形式及尺寸；(b) 连系梁与柱的连接

3. 圈梁

圈梁是沿厂房墙体设置的连续闭合的梁，作用是将砌体同厂房排架柱、抗风柱连在一起，加强厂房的整体刚度及墙的稳定性。圈梁应在墙内，位置通常设在柱顶、吊车梁、窗过梁等处。其断面高度应不小于180mm，配筋数量主筋为4φ12，箍筋为φ6@200mm，圈梁应与柱子伸出的预埋筋进行连接，如图9-32所示。

9.3.6 支撑系统

支撑系统能够保证厂房结构和构件的承载力、稳定和刚度，并有传递部分水平荷载的作用。支撑有屋盖支撑和柱间支撑两大部分。

1. 屋盖支撑

屋盖支撑是保证屋架上下弦杆件受力后的稳定，它包括横向水平支撑（上弦和下弦横向水平支撑）、纵向水平支撑（上弦和下弦纵向水平支撑）、垂直支撑和纵向水平系杆等，如图9-33所示。

2. 柱间支撑

柱间支撑能提高厂房纵向刚度和稳定性。

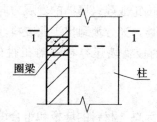
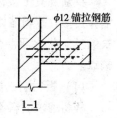

图 9-32 圈梁与柱的连接

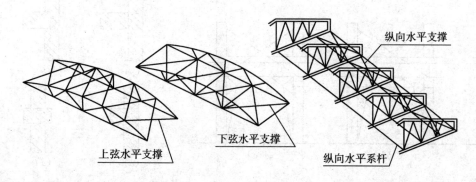

图 9-33 屋盖支撑

按吊车梁位置分为上柱支撑和下柱支撑两种，如图 9-34 所示。柱间支撑一般采用型钢制作，支撑形式宜采用交叉式，其斜杆与水平面的交角不宜大于 55°，支撑杆件的长细比不宜超过规定值。

9.4 单层厂房的其他构造

9.4.1 外墙

单层厂房的外墙按承重方式不同分为承重墙、承自重墙和框架墙。承自重墙与框架墙是厂房外墙的主要形式，根据材料不同又可分为砌体墙、板材墙、轻质板材墙和开敞式外墙。

1. 砌体外墙

指用烧结普通砖、烧结多孔砖、蒸压灰砂砖、混凝土砌块和轻骨料混凝土砌块砌筑的墙。这种墙主要用于厂房的外墙和高低跨之间的封墙。

墙与柱的相对位置一般有三种方案：

① 将墙砌筑在柱子外侧，这种方案构造简单、施工方便、热工性能好，基础梁和连系梁便于标准化，因此广泛采用，如图 9-35（a）所示；

② 将墙部分嵌入在排架柱中，能增加柱列的刚度，但施工较麻烦，增加部分砍砖，基础梁和连系梁等配件也随之复杂，如图 9-35（b）所示；

③ 将墙设置在柱间，更能增加柱列的刚度，节省占地，但不利于基础梁和连系梁的统一及标准化，热工性能差，构造复杂，如图 9-35（c）、（d）所示。

为使墙体与柱子间有可靠的连接，通常的做法是在柱子高度方向每隔 500mm 甩出 $2\phi6$ 钢筋，砌筑时把钢筋砌在墙的水平缝里。

2. 钢筋混凝土板材墙体

钢筋混凝土板材墙是我国工业建筑墙体的发展方向之一，其优点是能减轻墙体自重，改善墙体抗震性能，充分地利用工业废料，加快施工速度，促进建筑的工业化水平。但目前的板材墙还存在着热工性能差，连接尚不理想等缺点。

（1）板材墙的类型

板材墙按材料不同可分为单一材料的墙板和组合墙板。单一材料的墙

图 9-34 柱间支撑（左）

图 9-35 墙与柱的相对位置（右）
(a) 墙在柱子外侧；
(b) 部分柱子嵌入墙体中；
(c) 柱子外侧与墙相平；
(d) 柱子外侧突出外墙

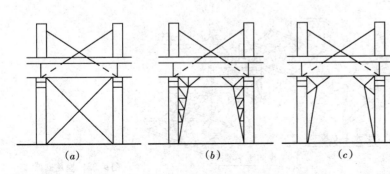

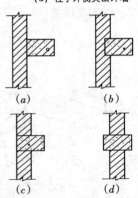

板有钢筋混凝土槽形板、空心板、配筋轻混凝土墙板、压型钢板墙板等。组合墙板一般做成轻质高强的夹心墙板，特点是材料各尽所长，通常芯层采用高效热工材料制作，面层外壳采用承重防腐蚀性能好的材料制作，但加工麻烦，连接复杂，板缝处热工性能差。

（2）板材墙体的布置与构造

墙板布置根据板长与柱距关系可分为横向布置、竖向布置和混合布置三种类型。横向布置方式是目前应用最多的一种，因此主要介绍横向布置墙板的一般构造，其板与柱的连接可分为柔性连接和刚性连接两类。

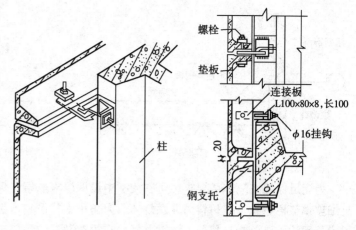

图 9-36　螺栓挂钩柔性连接构造

柔性连接是在大型墙板上预留安装孔，同时在柱的两侧相应位置预埋铁件，在板吊装前焊接连接角钢，并安上螺栓钩，吊装后用螺栓钩将上下两块连接起来。这种连接对厂房的振动和不均匀沉降的适应性较强，如图 9-36 所示。

刚性连接是用角钢直接将柱与板的预埋件焊接。这种方法构造简单，连接刚度大，增加了厂房的纵向刚度；但由于板柱之间缺乏相对独立的移动条件，在振动和不均匀沉降的作用下，墙体会产生裂缝，因此不适用于烈度为 7 度以上的地震区或可能产生不均匀沉降的厂房，如图 9-37 所示。

3. 轻质板材墙

是指用轻质的石棉水泥板、瓦楞铁皮、塑料墙板、铝合金板等材料做成的墙，这种墙一般起围护作用，墙身自重也由厂房骨架来承担，适用于一些不要求保温、隔热的热加工车间、防爆车间和仓库建筑的外墙。现简单介绍压型钢板墙板的构造。

压型钢板一般板长宜在 12m 之内，常用板厚为 0.5～1.0mm。压型钢板是用连接件或紧固件固定在檩条或墙梁上，如图 9-38 所示。

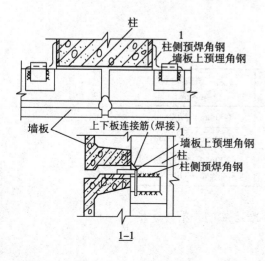

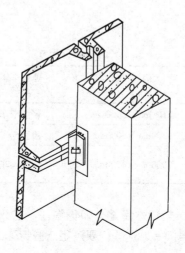

图 9-37　刚性连接构造

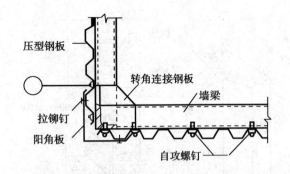
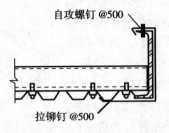

图9-38 压型钢板的连接方式

为满足保温及隔热层要求,可在墙板中设保温隔热层。保温隔热层常选用超细玻璃丝棉卷毡,该材料为非燃烧体。为防止围护系统产生冷桥,保温层应固定于围护系统外板与檩条、墙梁之间。在相对潮湿的环境中,保温层靠向室内一侧宜增设隔汽层,隔汽层材料可采用铝箔、聚丙烯膜等,在北方寒冷地区及室内外温差较大的环境中,隔汽层设置须经过热工计算。

9.4.2 侧窗和大门

1. 侧窗

单层厂房的侧窗不仅要满足采光和通风的要求,还应满足工艺上的泄压、保温、防尘等要求。由于侧窗面积较大,处理不当容易产生变形损坏和开关不便,因此侧窗的构造还应满足坚固耐久、开关方便、节省材料及降低造价的要求。通常厂房采用单层窗,但在寒冷地区或有特殊要求的车间应采用双层窗。侧窗按开启方式分为:平开窗、中悬窗、立转窗、固定窗、上悬窗等。单层厂房外墙侧窗的布置一般有两种:一种是被窗间墙分开的独立窗;一种是沿厂房纵向连续布置的带形窗。

2. 大门

厂房大门主要用于生产运输和人流通行,因此大门的尺寸应根据运输工具的类型,运输货物的外形尺寸及通行方便等因素确定。一般门的尺寸应比装满货物时的车辆宽出600~1000mm,高出400~600mm。常用厂房大门洞口尺寸见表9-1。

大门洞口尺寸　　　　　　　　表9-1

通行车辆类型	大门洞口尺寸（宽×高）	通行车辆类型	大门洞口尺寸（宽×高）
电瓶车	2100mm×2400mm	轻型卡车	3000mm×2700mm
中型卡车	3300mm×3000mm	重型卡车	3600mm×3900mm
汽车起重机	3900mm×4200mm	火车	4200mm×5100mm 4500mm×5400mm

厂房的大门有一些特殊用途,如保温门、防火门、冷藏库门、射线防护门、烘干室门、隔声门等,这些门要满足一些特殊的要求。

当门洞宽度大于3m时，厂房大门的门框宜采用钢筋混凝土门框，否则可采用砖砌门框。平开钢木大门的每个门扇一般设两个铰链，铰链与门框上相应位置的预埋铁件焊接牢固。钢筋混凝土门框可直接预埋铁件，砖砌门框在墙内砌入埋有预埋铁件的混凝土块，如图9-39所示。

9.4.3 屋面

单层厂房屋面与民用建筑屋面构造基本相同，但也存在一定的差异，一是屋面面积大，重量大；二是直接受厂房内部的振动、高温、腐蚀性气体、积灰等因素的影响，因此排水、防水构造复杂，造价也比较高。

1. 屋面排水

（1）排水方式

屋面排水方式有两种：无组织排水和有组织排水。

无组织排水也称自由落水，是雨水直接由屋面经檐口自由排落到散水或明沟内，适用于高度较低或屋面积灰较多的厂房，如图9-40所示。

有组织排水是将屋面雨水有组织地汇集到天沟或檐沟，再经雨水斗、落水管排到室外或下水道。有组织排水通常分为外排水、内排水和内落外排水，如图9-41所示。

①外排水：适用于厂房较高或地区降雨量较大的南方地区。

②内排水：适用于多跨厂房或严寒多雪北方。

③内落外排水：适用于多跨厂房或地下管线铺设复杂的厂房。

（2）排水装置

1）天沟

天沟有钢筋混凝土槽形天沟和直接在钢筋混凝土屋面板上做成的"自然天沟"两种。为使天沟内的雨、雪水顺利流向低处的雨水斗，沟底应分段设置坡度，一般为0.5%~1%，最大不宜超过2%，垫坡一般用轻混凝土找坡，然后再用水泥砂浆抹面。槽形天沟的分水线与沟壁顶面的高差应≥50mm，以防雨水出槽而导致渗漏。

图9-39 大门门框（左）
(a) 钢筋混凝土门框；
(b) 砖砌门框

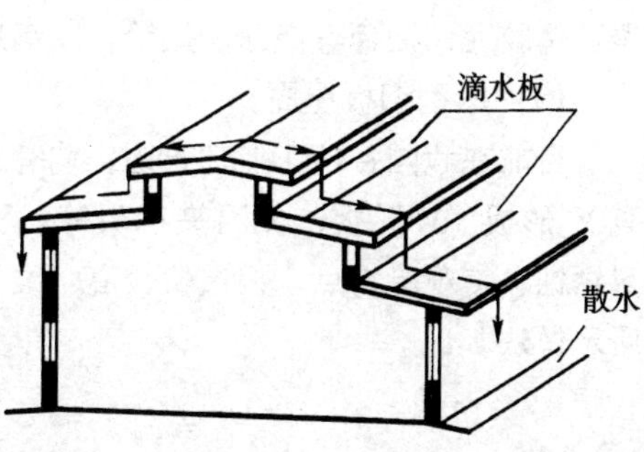

图9-40 无组织排水（右）

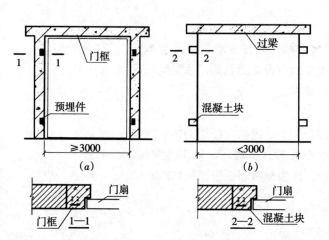

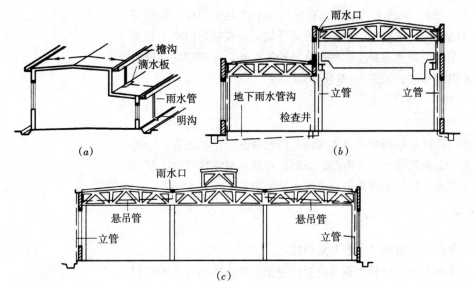

图 9-41 有组织排水
(a) 外排水；(b) 内排水；(c) 内落外排水

2) 雨水斗

雨水斗的型式较多，常采用铸铁水斗，铸铁水斗及铁水盘，均可用 3mm 厚钢板焊成。

3) 雨水管

在工业厂房中一般采用铸铁雨水管，当对金属有腐蚀时可采用塑料雨水管，铸铁雨水管管径常选用 $\phi100$、$\phi150$、$\phi200$ 三种。

2. 屋面防水

(1) 卷材防水

卷材防水屋面是目前我国在单层工业厂房中用得最多的，其接缝严密，防水比较可靠，有一定的变形能力，因此对气温变化和振动有一定的适应能力，但易老化，耐久性差，维修费用也较大。屋面可做成保温和非保温两种，保温防水屋面的构造一般为：基层（即结构层）、找平层、隔汽层、保温层、找平层、防水层；非保温防水屋面的构造一般为：基层、找平层、防水层。卷材防水屋面构造原则和做法与民用建筑基本相同。

(2) 构件自防水

构件自防水屋面是利用屋面板本身的密实性和抗渗性来承担屋面防水作用，常用的有钢筋混凝土屋面板、钢筋混凝土 F 板以及波形瓦等。板缝则采用聚乙烯胶泥、油膏等嵌缝、贴缝，以满足防水要求。

(3) 压型钢板屋面

目前在我国各地工业建筑中，均有采用压型钢板的屋面。压型钢板按断面有 W 形板、V 形板、保温夹芯板等。压型钢板瓦具有质量轻、施工速度快、耐锈蚀、美观等特点，但造价较高、维修复杂。压型钢板屋面可采用如图9-42所示做法。

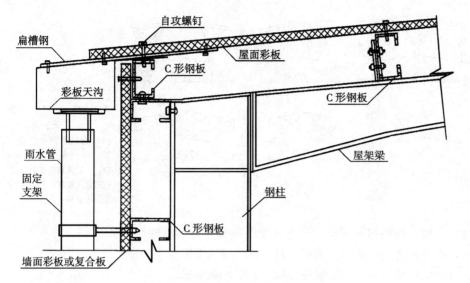

图 9-42 压型钢板檐沟及屋面构造

9.4.4 天窗

在大跨度和多跨度的单层工业厂房中,为了满足天然采光和自然通风的要求,常在厂房的屋顶设置各种类型的天窗。天窗按其在屋面的位置不同分为:上凸式天窗,如矩形天窗、M 形天窗、梯形天窗等;下沉式天窗,如横向下沉式、纵向下沉式、井式天窗等;平天窗,如采光板、采光罩、采光带等,如图 9-43 所示。下面以矩形天窗为例介绍天窗的构造。

矩形天窗主要由天窗架、天窗屋面、天窗端壁、天窗侧板和天窗扇等组成,如图 9-44 所示。

1. 天窗架

天窗架是天窗的承重构件,它支承在屋架或屋面梁上,有钢筋混凝土和型钢制的两种,跨度有 6、9、12m,如图 9-45 所示。

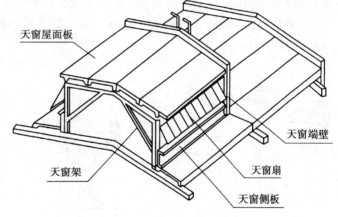

图 9-44 矩形天窗的组成

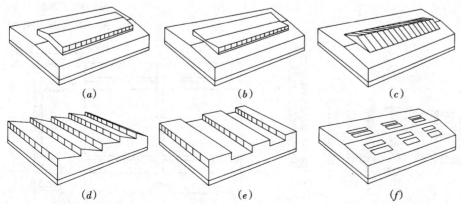

图 9-43 天窗的类型

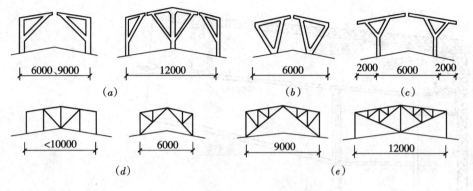

图 9-45 矩形天窗的天窗架
(a) 钢筋混凝土门型窗架；(b) W 形天窗架；(c) V 形天窗架；(d) 多压杆式天窗架；(e) 桁架式钢天窗架

2. 天窗屋面

天窗屋面通常与厂房屋面的构造相同，由于天窗宽度和高度一般均较小，故多采用无组织排水，并在天窗檐口下部的屋面上铺设滴水板；雨量多或天窗高度和宽度较大时，宜采用有组织排水，天窗檐口构造如图9-46所示。

3. 天窗端壁

天窗的横向两端称为天窗端壁，常用预制钢筋混凝土端壁板，它不仅使天窗尽端封闭起来，同时也支承天窗上部的屋面板，如图 9-47 所示。

4. 天窗侧板

天窗侧板是天窗下部的围护构件，它的主要作用是防止屋面的雨水溅入车间以及不被积雪挡住天窗扇影响开启，屋面至侧板顶面的高度一般应≥300mm，常有大风雨或多雪地区应增高至 400~600mm，侧板常采用钢筋混凝土槽形板，如图 9-48 所示。

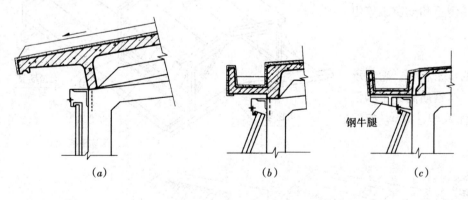

图 9-46 天窗檐口
(a) 带挑檐的屋面板；(b) 带檐沟的屋面板；(c) 钢牛腿上铺天沟板

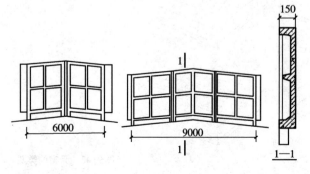
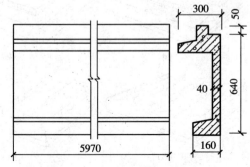

图 9-47 天窗端壁(左)
图 9-48 天窗侧板(右)

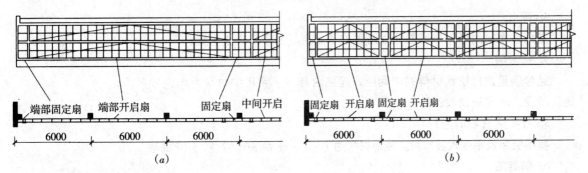

图 9-49 上悬式钢天窗
(a) 通长天窗扇平面、立面；(b) 分段天窗扇平面、立面

5. 天窗扇

多为钢材制成，按开启方式分有上悬式和中悬式，可按一个柱距独立开启的分段设置，也可几个柱距同时开启的通长设置，如图 9-49 所示。

9.4.5 地面

单层工业厂房地面的基本构造层一般为面层、垫层和基层组成。当它们不能充分满足使用要求和构造要求时，可增设其他构造层，如结合层、隔离层、找平层等。

1. 面层

面层是地面最上的表面层，它直接承受各种物理、化学作用，如摩擦、冲击、冷冻、酸碱侵蚀等，因此应根据生产特征，使用要求和技术经济条件来选择面层和厚度。面层的选择可参见表 9-2。

地面面层的选择　　　　　　　　　　表 9-2

生产特征及对垫层使用要求	适宜的面层	举　例
机动车行驶、受坚硬物体磨损	混凝土、铁屑水泥、粗石	车行通道、仓库
坚硬物体对地面产生冲击	矿渣、碎石、素土、混凝土、块石、缸砖	机械加工车间、金属结构车间、铸造、锻压、冲压、废钢处理等
受高温作用地段（500℃以上）	矿渣、凸缘铸铁板、素土	铸造车间的熔化浇铸工段、轧钢车间加热和轧机工段、玻璃熔制工段
有水和其他中性液体作用地段	混凝土、水磨石、陶板	选矿车间、造纸车间
有防爆要求	菱苦土、木砖沥青砂浆	精苯车间、氢气车间、火药仓库等
有酸性介质作用	耐酸陶板、聚氯乙烯塑料	硫酸车间的净化、硝酸车间的吸收浓缩
有碱性介质作用	耐碱沥青混凝土、陶板	纯碱车间、液氨车间
不导电地面	石油沥青混凝土、聚氯乙烯塑料	电解车间
要求高度清洁	水磨石、陶板锦砖、拼花木地板、聚氯乙烯塑料、地漆布	光学精密器械、仪器仪表、电讯器材装配

2. 垫层

垫层是承受并传递地面荷载至基层的构造层，按材料性质不同，垫层可分为刚性垫层、半刚性垫层和柔性垫层三种。刚性垫是指混凝土、沥青混凝土和钢筋混凝土等材料做成的垫层，它整体性好、不透水、强度大、变形小。半刚性垫层是指灰土、三合土、四合土等材料做成的垫层，它整体性稍差，受力后有一定的塑性变形。柔性垫层是用砂、碎石、矿渣等材料做成的垫层，它造价低，施工方便。

3. 基层

基层是地面的最下层，是经过处理的基土层。通常是素土夯实。

4. 结合层

结合层是连接块状材料的中间层，起结合作用。常用的材料为水泥砂浆、沥青胶泥、水泥玻璃胶泥等。

5. 找平层（找坡层）

找平层起找平或找坡作用。常用材料为 1：3 水泥砂浆或 C7.5、C10 混凝土。

6. 隔离层

隔离层是防止地面上有害液体渗透或地下水、潮气由下向上的影响而设置的隔绝层。常用的隔离层有石油沥青油毡、热沥青等。

9.4.6 其他

1. 坡道

厂房的室内外高差一般为 150mm，为了便于各种车辆通行，在门口外侧须设置坡道。坡道的坡度常取 10%~15%，宽度应比大门宽 600~1000mm 为宜。

2. 钢梯

单层工业厂房中常采用各种钢梯，如作业平台钢梯，吊车钢梯，消防及屋面检修钢梯等。

①作业平台钢梯　作业台钢梯是工人上下生产操作平台或跨越生产设备联动线的交通道。其坡度 45°、59°、73°和 90°，其构造如图 9-50 所示。

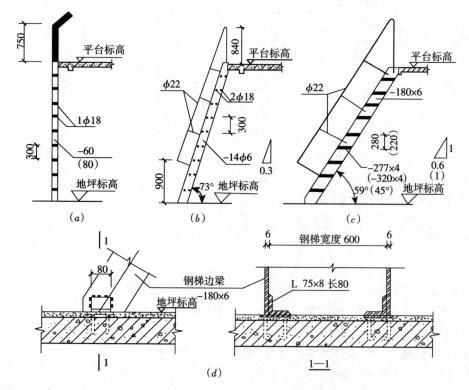

图 9-50　作业平台钢梯
(a) 90°钢梯；(b) 73°钢梯；(c) 59°(45°)钢梯；(d) 59°(45°)钢梯下端固定

②吊车钢梯 是为吊车司机上下吊车使用的专用梯,吊车梯一般为斜梯,梯段有单跑和双跑两种。坡度有51°、55°和63°,如图9-51所示。

③消防及屋面检修钢梯 单层厂房屋顶高度大于10m时,应设专用梯自室外地面通至屋面,或从厂房屋面通至天窗屋面,作为消防及检修之用。消防、检修常采用直梯,宽度为600mm,它由梯段、踏步、支撑构成,构造如图9-52所示。

9.5 多层工业厂房的构造

近年来,随着轻工业的迅速发展,工业用地日益紧张,多层厂房的数量明显增加。和单层工业厂房相比,多层工业厂房具有建筑物占地面积小、顶层房间可不设天窗、交通面积大、厂房通用性小等特点。

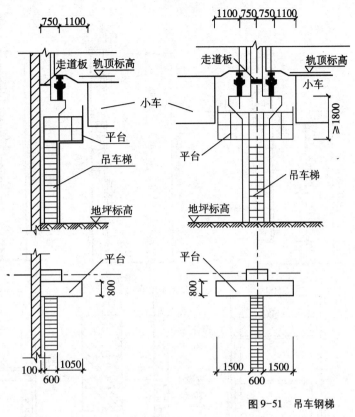

图9-51 吊车钢梯

9.5.1 多层厂房的分类

1. 按承重结构材料分类

①砌体结构 砌体结构的取材和施工均较方便,费用较低,且保温、隔热性能好。但当地基条件差时,容易引起不均匀下沉,因此选用时应慎重;此外在地震区应严格按照《建筑抗震设计规范》GB 50011—2001的规定选用。

②钢筋混凝土结构 钢筋混凝土结构是我国目前采用最广泛的一种结构。它具有构件截面较小、强度大、承载能力强、跨度较大等特点,能满足多层厂房要求。

③钢结构 钢结构具有重量轻、强度高、施工方便、造价高、耐火性差、易锈蚀等特点。

2. 按主体结构的整体性与装配化程度分类

①整体式框架 整体式框架即柱、梁、板混凝土全部在现场浇筑成整体的框架。

②全装配式框架 全装配式框架是构件全部预制并现场装配。这种方法不仅可实现施工机械化,而且构配件可工厂化生产,取消了现场湿作业,加快了施工进度。但由于构件之间的连接主要依靠预埋钢板焊接,节点耗钢量及焊接工作量较大,且结构的整体性与刚性较差,因此有抗震设防或厂内有较大振动

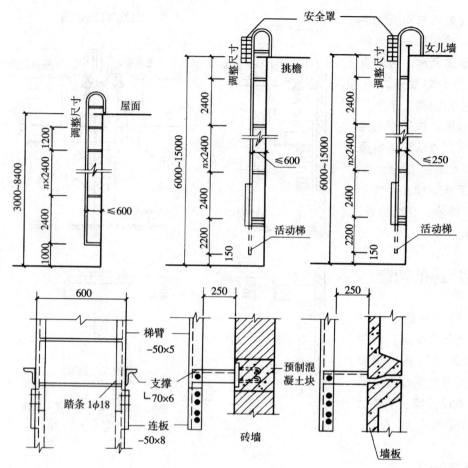

图9-52 消防及屋面检修钢梯

荷载时,较少采用。

③装配整体式框架　装配整体式框架是用部分现浇钢筋混凝土作业,把部分预制构件浇捣连成整体的施工方法,这种方法既有构件生产工厂化和施工机械化的优点,减少了现场湿作业,又能保证结构具有相当程度的整体性,因此采用较多。

3. 按主体结构受荷方式分类

①内框架结构　内框架结构即外墙承重,内部为钢筋混凝土梁柱框架结构。这种结构造价较低,施工方便,但仅适用于8度以下震区,且高度、层高都有严格限制,房屋的楼盖、屋盖应采用现浇或装配整体式钢筋混凝土板。

②全框架结构　全框架结构即全部竖向荷载和水平荷载完全由钢筋混凝土框架体系来承受。外墙不承受其他构件传来的荷载,只承受自重,或外墙悬挂在框架上,其自重也由框架来承受。全框架结构在多层厂房中采用最多。

③框架—剪力墙结构　框架—剪力墙结构是在框架结构中沿纵向每隔一定距离设置横向的剪力墙(或抗侧力结构)。剪力墙的作用是帮助框架承担横向水平力(风力、地震力等),加强框架的横向刚性。剪力墙虽对受力有利,但灵活性较差,对工艺布置有一定影响。

9.5.2 主要承重构件的节点构造

多层厂房的整体式、全装配式、装配整体式框架，它们的节点构造是不相同的。现浇式的接点构造比较复杂。以下仅对装配整体式框架主要承重构件的节点做重点介绍。

1. 柱与基础的连接

①刚接方式 柱吊装校正后，四周每边用两个钢楔子楔紧，随即浇灌混凝土，如图9-53所示。

②铰接方式 柱吊装就位前先在杯底铺M10水泥砂浆，使传力面接触密实，柱的四周则用浸沥青的麻丝填实。这种连接构造，不能传递弯矩，如图9-54所示。

2. 柱与柱的连接

预制柱与柱的连接一般都采用刚接，这种连接可分为焊接式和浆锚式两种。

（1）焊接式连接

借焊接柱的主筋而使柱相连的一种连接方式，这种连接省钢，能很快承受荷载，但须采用剖口焊，焊接技术要求高，如图9-55所示。

（2）浆锚式连接

依靠在预留孔中灌入高强度等级砂浆来锚固钢筋的一种连接方式，这种连接不需要焊接设备和技术要求较高的剖口焊，但湿作业大，需有一段养护时间，如图9-56所示。

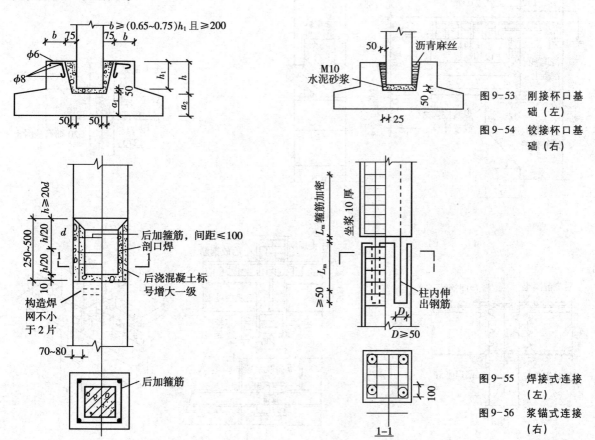

图9-53 刚接杯口基础（左）
图9-54 铰接杯口基础（右）
图9-55 焊接式连接（左）
图9-56 浆锚式连接（右）

3. 梁与柱的连接

梁与柱的连接节点是保证装配整体式框架结构的整体性、刚性和强度的重要节点，构造类型随装配整体式方案而定。

①明牛腿刚接　节点刚度大，整体性好，有利于抗震，耗钢量小，便于吊装，但不美观，降低了净空高度，混凝土浇筑麻烦，如图9-57所示。

②暗牛腿铰接　连接较为简单，有利于厂房内部空间的利用，室内美观，但受力差，施工麻烦，如图9-58所示。

③齿榫式梁柱连接　室内美观，有利于管线布置，构造简单，节省钢材及混凝土，但易出现裂缝，对混凝土的浇筑质量要求较高，如图9-59所示。

④叠压式梁柱连接　现场湿作业少，美观，利于管线布置，但构造复杂，对抗震不利，如图9-60所示。

4. 板与梁的连接

①槽形板与花篮梁的连接　槽形板板肋端部宜设预埋件与梁焊接，板缝处加设钢筋网片，其构造如图9-61所示。

②空心板与T形梁和花篮梁的连接　板上部伸出钢筋和梁的架立筋绑扎，然后浇筑混凝土将梁板连成整体，其构造如图9-62所示。

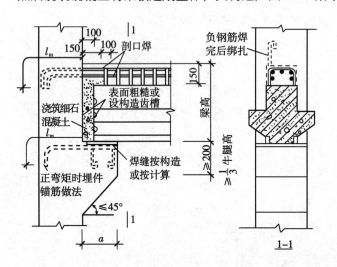
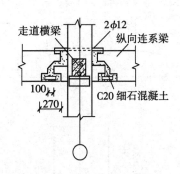

图9-57　明牛腿刚接（左）
图9-58　暗牛腿铰接（右）
图9-59　齿榫式梁柱连接（左下）
图9-60　叠压式梁柱连接（右下）

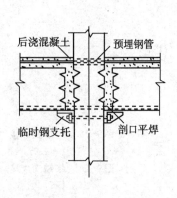
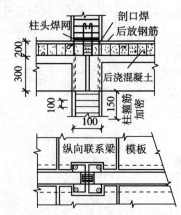
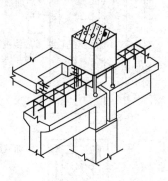

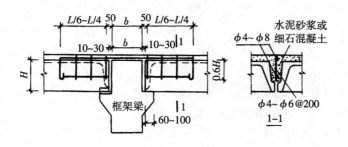
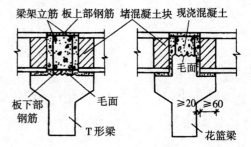

图 9-61 槽形板与梁连接（左）

图 9-62 空心板与梁连接（右）

复习思考题

1. 什么是工业建筑？工业建筑如何分类？
2. 单层厂房结构组成有哪几部分？各部分组成构件又有哪些？其主要作用如何？
3. 横向排架结构和刚架结构各有哪些特点？
4. 什么是定位轴线？纵、横向定位轴线如何确定？
5. 基础梁搁置在基础上的方式有哪几种？有什么要求？
6. 钢筋混凝土排架柱如何分类？一般柱子上有哪些预埋件？其作用怎样？
7. 柱与基础的连接方法有哪两种？杯形基础在构造上有哪些要求？
8. 单层厂房的山墙为什么要设抗风柱？它的外形与一般柱子有什么不同？
9. 吊车梁的作用是什么？它与柱怎样连接？车挡起什么作用？它与吊车梁怎样连接？
10. 连系梁和圈梁有什么不同？各有什么作用？是怎样布置和连接的？
11. 单层厂房支撑系统包括哪两大部分？各个支撑的作用及布置如何？
12. 屋盖结构是由哪两大部分组成？
13. 墙和柱相对位置有几种形式？常用的是哪一种，有什么优点？
14. 大型板材墙有哪些类型？墙板布置有哪些方式？墙板与柱如何连接？
15. 工业厂房的大门尺寸是如何确定的？有哪些种类？
16. 厂房屋面排水方式有几种？排水系统包括哪些？
17. 天窗的作用及如何分类？常用的矩形天窗由哪些构件组成？
18. 厂房地面一般有哪些构造层次？各有什么作用？
19. 工业厂房的金属梯有哪些类型？它们的布置和构造上有什么要求？
20. 多层厂房有何特点？
21. 多层厂房按结构形式分为几种？它们的特点是什么？
22. 装配整体式钢筋混凝土框架结构主要承重构件节点连接的构造如何？

参考文献

[1] 孙玉红主编. 房屋建筑构造. 北京：机械工业出版社，2003.
[2] 赵研主编. 建筑构造. 北京：中国建筑工业出版社，2002.
[3] 刘谊才主编. 新编建筑识图与房屋构造. 合肥：安徽科学技术出版社，2002.
[4] 贾丽明，徐秀香主编. 建筑概论. 北京：机械工业出版社，2004.
[5] 龚洛书主编. 新型建筑材料性能与应用. 北京：中国环境科学出版社，1997.
[6] 张洋主编. 装饰装修材料. 北京：中国建材工业出版社，2003.
[7] 王春阳主编. 建筑材料. 北京：高等教育出版社，2002.
[8] 邱忠良，蔡飞主编. 建筑材料. 北京：高等教育出版社，2000.
[9] 王秀花主编. 建筑材料. 北京：机械工业出版社，2003.
[10] 刘建荣，李必瑜等主编. 建筑构造（上、下）. 北京：中国建筑工业出版社，2005.
[11] 建筑抗震设计规范 GB 50011—2001.